DEUTSCHE DEMOKRATISCHE REPUBLIK
DEUTSCHE AKADEMIE
DER LANDWIRTSCHAFTSWISSENSCHAFTEN ZU BERLIN

ZEITSCHRIFT FÜR LANDESKULTUR

AKADEMIE-VERLAG · BERLIN

THEORIA CUM PRAXI

BAND 11 · 1970 · HEFT 1

Z. Landeskultur · Bd. 11 · 1970 · H. 1 · S. 1–80 · Berlin

Herausgeber: Deutsche Demokratische Republik · Deutsche Akademie der Landwirtschaftswissenschaften zu Berlin

Chefredakteur: Prof. Dr. habil. WOLFGANG KREIL

Die Zeitschrift für Landeskultur erscheint in Heften mit einem Umfang von je 5 Druckbogen (80 Seiten). Die innerhalb eines Jahres herausgegebenen 6 Hefte bilden einen Band. Das letzte Heft eines Bandes enthält Inhalts-, Autoren- und Sachverzeichnis.

Der Preis je Heft beträgt 10,– M. Sonderpreis für die DDR 5,– M.

Die Schriftleitung nimmt nur Manuskripte an, deren Gesamtumfang 20 Schreibmaschinenseiten nicht überschreitet und die bisher noch nicht, auch in anderer Form, im In- oder Ausland veröffentlicht wurden. Jeder Arbeit ist eine Zusammenfassung mit den wichtigsten Ergebnissen (nicht länger als 20 Zeilen), wenn möglich auch in russischer und englischer bzw. französischer Sprache, beizufügen. Gegebenenfalls erfolgt die Übersetzung in der Akademie.

Manuskripte sind zu senden an die Schriftleitung, Deutsche Akademie der Landwirtschaftswissenschaften zu Berlin, Institut für Grünland- und Moorforschung, 1551 Paulinenaue

Die Autoren erhalten Umbruchabzüge zur Korrektur mit befristeter Terminstellung. Bei Nichteinhaltung der Termine erteilt die Redaktion Imprimatur.

Für jede Arbeit werden unentgeltlich 100 Sonderdrucke geliefert. Das Honorar beträgt 40,– M je Druckbogen und schließt auch die Urheberrechte für das Bildmaterial ein. Dissertationen, auch gekürzte bzw. geänderte, werden nicht honoriert.

Verlag: Akademie-Verlag GmbH, 108 Berlin, Leipziger Straße 3–4, Fernruf 220441. Telex-Nr. 112020. Postscheckkonto: Berlin 35021. Bestellnummer dieses Heftes: 1063/X/1.

Veröffentlicht unter der Lizenznummer 1308 des Presseamtes beim Vorsitzenden des Ministerrates der Deutschen Demokratischen Republik.

Gesamtherstellung: VEB Druckerei „Thomas Müntzer", 582 Bad Langensalza.

DEUTSCHE DEMOKRATISCHE REPUBLIK
DEUTSCHE AKADEMIE
DER LANDWIRTSCHAFTSWISSENSCHAFTEN ZU BERLIN

ZEITSCHRIFT FÜR LANDESKULTUR

Arbeiten aus den Fachgebieten Meliorationswesen, Grünlandkunde und Landschaftsplanung

AKADEMIE-VERLAG · BERLIN

THEORIA CUM PRAXI

BAND 11 · 1970 · HEFT 1

Z. Landeskultur · Bd. 11 · 1970 · H. 1 · S. 1—79 · Berlin

Inhalt

Содержание

Contents

Z. Landeskultur · Bd. 11 · 1970 · Heft 1 · S. 3–8 · Berlin

Aus dem Institut für Acker- und Pflanzenbau Müncheberg (Mark), Bereich Meliorationsforschung, der Deutschen Akademie der Landwirtschaftswissenschaften zu Berlin

MARTIN FRIELINGHAUS und WOLFGANG KOBER

Der Einsatz von synthetischen Bodenverbesserungsmitteln (BVM) zum Böschungsschutz im Modellversuch

Eingegangen am 24. 2. 69

Der Schutz frisch hergestellter Böschungen gegen Erosionserscheinungen hat nicht nur im Bauwesen ganz allgemein sondern auch im Meliorationswesen z. B. beim Vorflutausbau und bei der Reliefmelioration Bedeutung. Während für den langfristigen Schutz Asphalt/Bitumen-Decken und Beton zum Einsatz kommen, fehlten bisher Verfahren zum kurzfristigen Böschungsschutz, der seine Aufgabe erfüllt hat, wenn die herangewachsene Pflanzendecke (meist Grasansaaten) diese Funktion übernimmt. Weiterhin ist von Bedeutung, daß die teure und aufwendige Abdeckung der frischen Böschung mit Mutterboden Voraussetzung für das Gelingen der Ansaat ist.
Es erschien zweckmäßig, aus dem Kreis der von KULLMANN (1967) näher erläuterten synthetischen Bodenverbesserungsmittel (BVM) einige Produkte auf ihre Eignung für den Böschungsschutz zu prüfen. Für diesen Zweck geeignet sind u. a. Öl-Latex-Emulsionen (v. d. SCHULENBURG, 1967) und Bitumen-Emulsionen (KURDENKOV, 1966). Gasansaaten auf leichtestem Sandboden ohne Mutterbodenauftrag gelangen durch die Ausbringung einer Suspension von Wasser, Saatgut, Mineraldünger und hydrophilem Schaumstoff auf die frisch planierte Oberfläche (FISCHER, 1966). Der Schaumstoff erfüllte hierbei teilweise die Aufgaben des Mutterbodens.

1. Methodik

Bei der Versuchsfläche handelte es sich um eine kurze Böschung mit südlicher Exposition.
Die in Tabelle 1 dargestellte Korngrößenverteilung zeigt einen an abschlämmbaren Teilen armen Standort.

Tabelle 1
Korngrößenverteilung in Gew.-%

Grobsand	Mittelsand	Feinsand	Schluff	Ton
16,05	45,74	23,95	10,76	3,50

Abbildung 1 stellt den Querschnitt durch die Versuchsanlage dar.

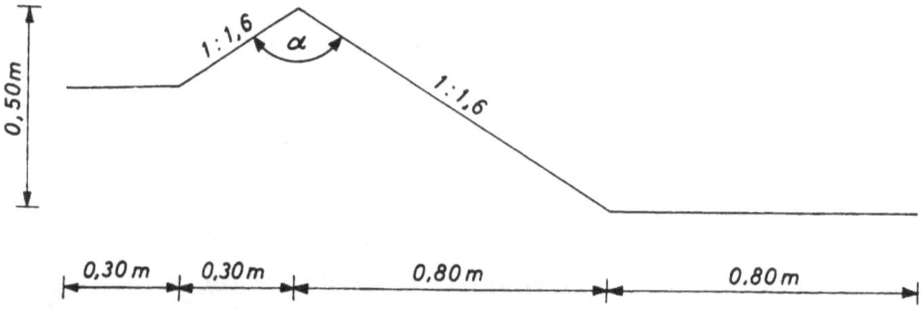

Abb. 1: Querschnitt durch die Versuchsanlage

Insgesamt wurden vier Varianten untersucht. Die Düngung mit 315 kg/ha Rein-K_2O, 195 kg/ha Rein-P_2O_5 und 10 kg/ha Rein-N und die Aussaatmenge mit 60 kg/ha waren einheitlich.

Variante a: ohne BVM
Variante b: 0,05 m^3/m^2 = 500 m^3/ha Piatherm
(Piatherm ist ein hydrophiler Schaumstoff)
Variante c: 0,05 m^3/m^2 = 500 m^3/ha Piatherm und 0,2 l Encap/m^2.
(Encap ist eine Bitumen-Emulsion)
Variante d: 0,2 l Encap/m^2

Bei den Varianten a und d wurden Saatgut und Dünger flach eingearbeitet. Daran schloß sich bei Variante d das Aufbringen der Bitumen-Emulsion an. Bei den Varianten b und c wurde das Saatgut 24 Stunden eingeweicht und anschließend in einer Suspension zusammen mit Wasser, Düngemitteln und Piatherm auf die Böschungsfläche gebracht. Daran schloß sich bei Variante c eine zusätzliche Oberflächenbehandlung mit der Bitumen-Emulsion an. Zum Ausbringen der im Verhältnis 1:3 mit Wasser verdünnten Emulsion kam eine Rückenspritze zum Einsatz.
Unmittelbar vor der Versuchsanlage fielen 12 mm Niederschlag, unmittelbar danach 8 mm, so daß eine zusätzliche Befeuchtung nicht notwendig war.
Die Messung der Bodentemperatur erfolgte mit Bodenthermometern in 2 cm Tiefe um 7.00, 12.00 und 16.00 Uhr. Die Bodenfeuchte in Gew.-% wurde gravimetrisch ermittelt, indem unter Zerstörung der BVM-Schicht aus einer Tiefe von 0···4 cm Proben entnommen wurden, die ein Gemisch aus Boden und BVM enthielten.

2. Ergebnisse und Diskussion

2.1. Bodentemperatur

Abbildung 2 zeigt den Verlauf der Bodentemperatur in 2 cm Tiefe im Vergleich zur Lufttemperatur. Alle Varianten liegen zwar deutlich über der Lufttemperatur, spiegeln aber auch deren Schwankungen wider, erhöhen sogar teilweise den Schwankungsbereich. Im Vergleich zur Variante a (ohne BVM) hat die Variante d (Encap) eine um 1···3 °C höhere Bodentemperatur. Das wird durch die Schwarzfärbung der Bodenoberfläche und die daher verringerte Reflexion der

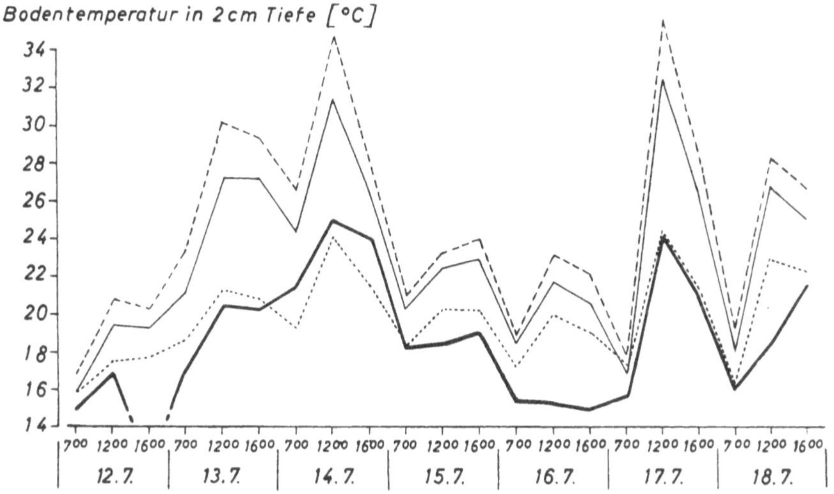

Abb. 2: Bodentemperaturen bei BVM-Behandlung ——— Lufttemperatur; ——— ohne BVM; —·—— Encap; ········· Piatherm

Strahlung erreicht. Eine Erhöhung der Bodentemperatur ist u. U. zur Keimbeschleunigung erwünscht. Ein Vergleich zwischen den Varianten a und b (Piatherm) zeigt bei b eine Temperaturverminderung, weil die Hellfärbung der Bodenoberfläche durch den Schaumstoff die Reflexion der Strahlung erhöht. Außerdem hat Piatherm ein hohes Wasserspeicherungsvermögen und deshalb eine höhere spezifische Wärme.

2.2. Bodenfeuchte

Abbildung 3 gibt einen Einblick in den Bodenfeuchteverlauf in Gew.-% in 0···4 cm Tiefe. Bei Betrachtung der linken Seite der Darstellung zeigt sich, daß im Vergleich zur Variante a (ohne BVM) die Bodenfeuchte in der Reihenfolge Variante c (Piatherm + Encap), Variante d (Encap) und Variante b (Piatherm) zunahm. Das Ziel, die Bodenfeuchte durch den Einsatz von BVM zu erhöhen, wurde damit erreicht. Bei der Variante d konnte nur durch eine Herabsetzung der Evaporation die Bodenfeuchte bis zu zwei Prozent gesteigert werden. Die Variante b erhöhte die Bodenfeuchte um etwa vier Prozent, weil der Schaumstoff als Wasserspeicher wirkte und außerdem natürlich die Evaporation verringerte.

Am 26. 8. 1968 fielen 26,5 mm Niederschlag in drei Stunden und am 28. 8. 1968 42 mm in vier Stunden. Aus technischen Gründen konnten die Untersuchungen erst am 1. 9. wieder aufgenommen werden. Die rechte Seite der Darstellung zeigt, daß bei den Varianten b und c offensichtlich Erosionsschäden aufgetreten sind, die die BVM-Auflage zerstört haben. Nur die Variante d (Encap) weist nach wie vor gegenüber unbehandelt eine höhere Bodenfeuchte auf, da hier keine Erosion festzustellen war.

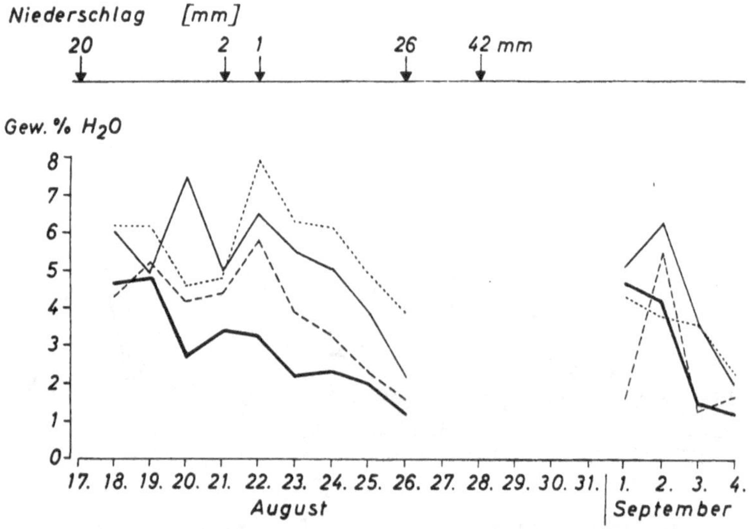

Abb. 3: Bodenfeuchte bei BVM-Behandlung ——— ohne BVM; ——— Encap; — — — Piatherm + Encap; ········ Piatherm

2.3. Erosionsschutz

Der in Abbildung 1 dargestellte Winkel α betrug bei Versuchsanlage 115°. Nach den Niederschlägen vom 26. und 28. 8. 1968 war er bei der Encap-Variante unverändert erhalten (Abbildung 4), während er sich auf der unbehandelten Variante auf 145° abgeflacht hatte (Abbildung 5). Die Erosion auf der Böschung und die Akkumulation des Bodenmaterials am Böschungsfuß sind auf Abbildung 6 deutlich zu erkennen. Zu ähnlichen Ergebnissen führte ein anderer Versuch, bei dem ein künstlicher Niederschlag von 40 mm in einer Stunde keine Erosionsschäden hervorrief. Da die Bitumen-Emulsionen die Bodenoberfläche nicht völlig abdichten und die Infiltration nur unwesentlich herabsetzen und anderer-

Abb. 4: Keine Erosion bei Encap-Behandlung

Abb. 5: Erosion auf der unbehandelten Variante

seits die Erosionsdisposition stark verringern, scheinen sie für den Böschungsschutz auch aus ökonomischer Sicht prädestiniert zu sein, weil eine Tonne Bitumen-Emulsion zwischen 150 und 600 M kostet. Das sind bei den im Versuch verwendeten Aufwandmengen 0,03···0,12 M/m².
Die Versuche werden fortgesetzt, da der Grasaufwuchs in der Versuchsanlage noch nicht befriedigen konnte und die Übertragbarkeit des Modells in die Praxis problematisch ist, was insbesondere für die Aufwandmengen zutrifft. Grundsätzlich kann aber gesagt werden, daß einige BVM zum Böschungsschutz geeignet sind.

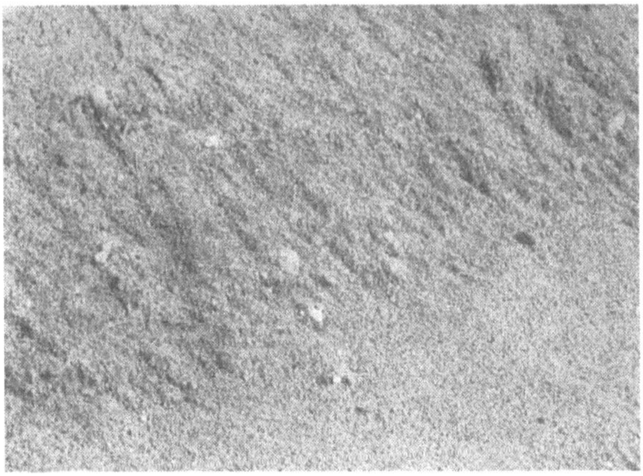

Abb. 6: Böschungserosion und Akkumulation des Bodenmaterials

Zusammenfassung

Aus dem Komplex der BVM wurden eine Bitumen-Emulsion und ein hydrophiler Schaumstoff allein und in Kombination auf ihre Wirkung im Böschungsschutz im Modellversuch geprüft. Während der helle Schaumstoff die Bodentemperatur senkte, stieg die Temperatur bei der dunklen Emulsion an. Die Bodenfeuchte konnte durch alle BVM erhöht werden, insbesondere durch den Schaumstoff. Die mit der Emulsion behandelte Versuchsfläche zeigte im Gegensatz zur unbehandelten Variante keine Erosionserscheinungen. Die Versuche werden fortgesetzt.

Резюме

Название работы: ,,Применение синтетических стабилизирующих грунт веществ для защиты откосов в модельном опыте"

Из комплекса стабилизирующих грунт веществ испытывали в модельном опыте, отдельно и совместно, битумную эмульсию и гидрофильный пеноматериал на пригодность к защите откосов. В то время как светлый пенопласт снижал температуру почвы, темная эмульсия ее повышала. Испытанные стабилизирующие грунт вещества, в особенности пеноматериал, увеличивали влажность грунта. На обработанной эмульсией опытной площади, в отличие от необработанного варианта, эрозии не отмечалось. Опыты продолжаются.

Summary

Title of the paper: Use of synthetic soil-improving agents for slope protection under conditions of a model experiment

In a model experiment, various soil-improving agents — a bituminous emulsion and a hydrophilous foam substance — were tested (alone and in combination) for their efficiency in slope protection. Whilst the light-coloured foam substance caused a lowering in soil temperature, the darker emulsion made temperature to rise. Soil moisture was increased with the aid of both substances, but particularly when using the foam material. As against the untreated control, the test plot treated with the emulsion did not reveal any signs of erosion. The experiments are to be continued.

Literatur

FISCHER, M.: Ein neues erfolgreiches Verfahren zur Befestigung und Begrünung steriler Öd- und Sandflächen unter Verwendung von Hygromull. Garten und Landschaft (1966) H. 12

KULLMANN, A.: Zur Anwendung einiger synthetischer Bodenverbesserungsmittel. Feldwirtschaft 8 (1967) Nr. 6, S. 304–307

KURDENKOV, I. B.: Primenenie bitumnych materialov dlja ukreplenije otkosov (Verwendung von bituminösem Material für die Befestigung von Böschungen). Avtomobilnye dorogi (1966) H. 8, S. 22

SCHULENBURG, v. d.: Erosionsschutz für leicht bewegliche Böden. Straßenbau-Technik (1967) H. 23

Anschrift der Verfasser:

Dr. M. FRIELINGHAUS und Dipl. Agrarök. W. KOBER
Institut für Acker- und Pflanzenbau Müncheberg,
Bereich Meliorationsforschung
1278 Müncheberg, Wilhelm-Pieck-Straße 72

Z. Landeskultur · Bd. 11 · 1970 · Heft 1 · S. 9–27 · Berlin

Aus dem Institut für Meliorationswesen der Humboldt-Universität Berlin

FRITZ KLATT

Die Beregnung der Frühkartoffeln an Hand 12jähriger Beregnungsversuche

Eingegangen am 27. 1. 1969

In der Rangfolge der Beregnungsdankbarkeit unserer Nutzpflanzen nehmen die Hackfrüchte eine hervorragende Stellung ein. Das gilt sowohl für die Betarüben als auch für die Kartoffeln.

Die Kartoffeln haben allerdings hinsichtlich ihrer Beregnungsdankbarkeit eine besonders große Schwankungsbreite. Dieses ist sortenbedingt, denn die Beregnungsdankbarkeit unserer Nutzpflanzen wird bei sonst gleichen Voraussetzungen von den Mehrerträgen an Masse und von deren Bewertung durch die Gesellschaft bestimmt. Dem letzten Gesichtspunkt kommt dabei allgemein größere Bedeutung zu. Auf die Kartoffeln bezogen, besagt das, daß schon allein auf Grund des unterschiedlichen Preisgefüges der Reifegruppen die einzelnen Sorten die Beregnung unterschiedlich lohnen müssen. Es ist noch zu berücksichtigen, daß der zeitliche Zusatzwasserbedarf der Reifegruppen von Natur aus in regenärmere oder regenreichere Monate fällt, so daß auch dadurch die Beregnungsdankbarkeit der Sortengruppen beeinflußt wird. Gegenwärtig können wir bei den Kartoffeln folgende Rangfolge hinsichtlich ihrer Beregnungsdankbarkeit bilden:

1. frühe Sorten
2. mittelfrühe Sorten
3. späte Sorten

2. Standort der Versuche

Die Versuche wurden in den Jahren 1954 bis 1968 auf dem Beregnungsversuchsfeld Berge, Kr. Nauen, des Institutes für Meliorationswesen der Humboldt-Universität zu Berlin, durchgeführt.

2.1. Klima und Witterung

Klimatisch liegt das Beregnungsversuchsfeld im ostdeutschen Binnenklima (nach HOFFMEISTER). Die langjährigen Mittelwerte der Temperatur und der Niederschläge für Berge zeigt Tabelle 1. Die Witterungsverhältnisse der wichtigsten Versuche sind in gesonderten Abbildungen aufgezeichnet.

Tabelle 1
Langjährige Mittelwerte für Temperatur und Niederschlag des Beregnungsversuchsfeldes Berge, Kr. Nauen

	I	II	III	IV	V	VI	VII
TT °C	−0,5	0,2	3,7	8,2	13,6	16,6	18,5
RR mm	42	29	32	43	43	54	71

	VIII	IX	X	XI	XII	Jahr
TT °C	17,4	14,0	8,8	3,8	0,7	8,8
RR mm	64	43	43	41	41	546

2.2. Boden

Der Bodentyp des Versuchsfeldes ist degradierte Braunerde, die Bodenart überwiegend lS, der Unterboden S bis sL. Weitere Daten:

WH (nach MITSCHERLICH):	Krume:	1 − 1,1
	Unterboden:	0,70 − 3,34
Humus % (nach SPRINGER):	Krume:	1 − 1,25
	Unterboden:	0,28 − 2,57
pH (in n/10 KCl-Aufschlämmung):	7,2 − 7,9	
K_2O mg (nach SCHACHTSCHABEL):	8,0 − 21,0	
P_2O_5 mg (doppelte Laktat-Methode):	19,0 − 40,0	
spezifisches Gewicht:	2,60	
Grundwasser:	2 − 6 m	

2.3. Pflanzenbauliche Grundlagen

Fruchtfolgemäßig standen die Kartoffeln bis zum Jahre 1959 nur nach Getreide. Ab 1959 folgten sie auch nach anderen Hackfrüchten (Feldgemüse) und Klee-Gras. Die im Laufe der Jahre nicht ganz einheitliche Düngung war in den ersten Versuchsjahren niedriger als in den letzten Jahren. Bei der Erläuterung der einzelnen Versuche werden die Mineraldüngergaben angeführt.
Die Kartoffeln erhielten immer eine Stallmistgabe von 300 dt/ha. Bei Getreide als Vorfrucht diente die Stoppelfrucht zusätzlich als Grunddüngung. Es wurden nur vorgekeimte Frühkartoffeln ausgepflanzt.

2.4. Versuchseinrichtung und -durchführung

Das Beregnungswasser, aus einem Tiefbrunnen entnommen, hatte eine gleichbleibende Temperatur um 9 °C und enthielt keine pflanzenschädigenden oder wachstumsfördernden Stoffe.
Die zur Beregnung der Parzellen eingesetzten Vierwegedüsen ergaben bei Verbandsaufstellung eine Niederschlagsdichte von 60 mm/h.
Die Versuche wurden mit 4 bis 8 Wiederholungen (Langparzellenmethode) durchgeführt. Die Erntefläche betrug 25 m² je Parzelle.

3. Die Beregnungsversuche

Jeder Beregnungserfolg hängt von der Beregnungsbedürftigkeit eines Standortes, von der Beregnungswürdigkeit des Betriebes und von der Steuerung der Beregnung ab.

Die Beregnungsbedürftigkeit wird allein von den Klima- und Bodenverhältnissen bestimmt (1958); die Beregnungswürdigkeit durch die Intensität der Bodennutzung, durch die Beregnungsdankbarkeit der Pflanzen und durch die Beregnungskosten. Die Beregnungssteuerung selber entscheidet schließlich darüber, ob die vorhandenen Möglichkeiten für Beregnungserfolge auch genutzt werden.

Die Beregnungsbedürftigkeit ist naturgegeben und kann nur unwesentlich verändert werden.

Die Beregnungswürdigkeit unterliegt dagegen weitgehend dem menschlichen Einfluß.

Am stärksten tritt aber der Einfluß des Menschen bei der Steuerung der Beregnung in Erscheinung, denn der richtige Einsatz der Beregnung entscheidet über die Höhe der Beregnungserfolge und über die Wirtschaftlichkeit dieser Maßnahme.

Anhaltspunkte für den Beregnungseinsatz können wir von den Witterungsansprüchen der Kulturen ableiten.

Bei der Kartoffel wurde diese Frage in der Vergangenheit schon vielfach untersucht. Die Analyse des Einflusses der einzelnen Witterungsfaktoren ist aber sehr kompliziert und schwierig, so daß man bisher über allgemeingehaltene Formulierungen nicht herauskam.

So stellt Baumann (1953) die Kartoffel hinsichtlich der Witterungsansprüche als die anpassungsfähigste Frucht für das mitteleuropäische Klima heraus. Er betont weiterhin ihre hohen Wärmeansprüche in der Jugend und ihren hohen Wasserbedarf zur Zeit der Blüte und später.

Nach Brouwer (1953) ist besonders die Witterung nach dem Beginn der Blüte wichtig, da hier die Kartoffel dankbar für niedrige Temperaturen und genügend Feuchtigkeit ist.

Klapp (1953) betont, daß naß-kalte Witterung nach dem Pflanzen stets schädlich ist, daß kurze Trockenzeiten vor der Blüte vorteilhaft zu sein scheinen, und daß mit Beginn des Knollenansatzes und der Blüte eine ausreichende und gleichmäßige Wasserversorgung wichtig ist. Zur Zeit der Stärkeeinlage sind nach Klapp abnehmende Regenmengen und sonnige Witterung erwünscht.

Tamm (1950) unterscheidet zwischen den Witterungsansprüchen der frühen und der späten Sorten. Frühkartoffeln wünschen nach seinen Untersuchungen bis Anfang Juni eine wasserzehrende, danach eine wasserschonende Konstellation. Bei Spätkartoffeln soll die wasserzehrende Konstellation bis Ende Juni anhalten und dann durch reichliche Niederschläge und ab Mitte Juli noch zusätzlich durch kühle Witterung in eine wasserschonende Konstellation übergehen.

Neben den natürlichen und wirtschaftlichen Voraussetzungen wird der Erfolg jeder Beregnung im wesentlichen von zwei Faktoren bestimmt:

von dem Beregnungszeitraum bzw. -zeitpunkt
von der gesamten Zusatzregenmenge

Sie werden unter dem Begriff „Beregnungssteuerung" zusammengefaßt.
Auf den Beregnungserfolg bei Frühkartoffeln haben weiterhin Einfluß:

die Höhe der Einzelregengabe
der Erntetermin

Schließlich führt die Beregnung in der Regel zu:

Qualitätsveränderungen
Verminderung des Anbaurisikos

4. Beregnung der Frühkartoffeln

BROUWER (1953) erzielte in den 50er Jahren in mehrjährigen Beregnungsversuchen bei Frühkartoffeln Beregnungserfolge bis zu 25%.
RÜBENSAM und STEINBRENNER (1960) konnten in mehrjährigen Versuchen in Müncheberg keine nennenswerten Beregnungserfolge erzielen, so daß sie zu der Schlußfolgerung kamen, daß die Beregnung bei Frühkartoffeln nur in ausgesprochenen Dürrejahren ertragserhöhend wirken würde.

Tabelle 2
Mehrerträge bei Frühkartoffeln durch Beregnung in den Jahren 1954 bis regenmenge

Jahr	Witterungsverhältnisse Mai RR mm	Mai TT °C	Juni RR mm	Juni TT °C	Regendefizit im Beregnungszeitraum 15. 5.–29. 6. Berechnung nach KLATT	Zusatzregen * in mm
1954	18,9	14,0	37,0	17,6	115	120
1957	35,3	10,5	61,7	17,8	65	40
1959	74,1	13,3	14,6	17,1	110	120
1960	16,1	13,9	57,0	17,3	90	60
1961	110,3	10,9	37,7	17,6	20	30
1962	35,1	10,7	38,9	14,9	60	90
1963	19,3	13,6	43,6	17,3	100	80
1964	51,3	14,0	61,8	18,2	100	60
1965	38,7	11,7	15,9	16,5	60	100
1966	31,0	13,7	77,0	18,4	75	80
1967	52,9	14,0	79,6	15,7	30	20
1968	91,6	11,5	33,4	18,0	100	120
Summe	574,6	151,8	558,2	206,4	925	920
Mittel		12,7		17,2	77,1	76,7
Ertrags-Schw. S%						
Summe ab 1959:	520,4	127,3	459,5	171,0	745	760
Mittel		12,7		17,1	74,5	76,0
Ertrags-Schw. S%						

* wirtschaftlichste Zusatzregenmenge

Wir fanden in unseren 12jährigen Versuchen, daß die Frühkartoffel auf Beregnung sehr gut anspricht.
Die durch Beregnung erzielten Mehrerträge waren in den einzelnen Jahren sehr unterschiedlich und schwankten zwischen 25,3 und 153,8 dt/ha. Im Durchschnitt betrugen sie 84,1 dt/ha. Sie können Tabelle 2 entnommen werden.
Diese Mehrerträge sind sehr hoch. Dabei ist noch zu berücksichtigen, daß bis zum Anfang der 60er Jahre mit leistungsschwachen Sorten bzw. Saatgut und niedrigen N-Mengen gearbeitet wurde.

4.1. Beregnungszeitraum und Zusatzregenmenge

Es erscheint zweckmäßig, den Beregnungszeitraum und die wirtschaftlichste Zusatzregenmenge bei der Frühkartoffel zusammenhängend zu betrachten, denn es besteht hier eine enge Wechselwirkung zwischen den einzelnen Regenterminen und der gesamten Zusatzregenmenge.
In unserem Klimaraum lassen die fast ausreichenden und überwiegend auch gut verteilten Niederschläge nur in bestimmten Entwicklungsabschnitten der Pflanzen wirtschaftliche Beregnungserfolge zu. Wir bezeichnen diese Abschnitte als die Beregnungszeiträume der Pflanzen. Regengaben außerhalb dieser Zeiträume sind fast immer unwirtschaftlich und können sogar zu Ertragsdepressionen oder zu Qualitätsminderungen führen.

Tabelle 2

1968 mit Angabe der Witterungsdaten, des Regendefizits und der Zusatz-

Ertrag ohne Zusatzregen Knollen dt/ha	Ertrag mit Zusatzregen Knollen dt/ha	Mehrertrag durch Zusatzregen in Knollen dt/ha	gesichert: + ungesichert: ○	rel. %	Beregnungszeitraum
143,3	178,3	35,0	+	124,4	15. 6. – 10. 7.
136,7	191,2	54,3	+	139,9	12. 6. – 20. 6.
125,2	226,8	101,6	+	181,2	9. 6. – 26. 6.
116,8	167,6	50,8	+	143,5	3. 6. – 9. 6.
246,8	279,2	32,4	○	113,1	30. 6.
247,7	334,7	87,0	+	135,1	8. 6. – 23. 6.
212,0	325,0	113,0	+	153,3	24. 5. – 27. 6.
173,9	282,4	108,5	+	162,4	29. 5. – 10. 6.
136,3	290,1	153,8	+	212,8	5. 6. – 25. 6.
162,0	280,6	118,6	○	173,2	19. 5. – 17. 6.
430,7	456,0	25,3	○	105,9	2. 6.
194,4	323,2	128,8	+	166,3	31. 5. – 30. 6.
2325,8	3335,1	1009,1			
193,8	277,9	84,1		143,4	
44,9	29,1				
2045,8	2965,6	919,8			
204,6	296,6	92,0		145,0	
43,5	22,9				

Der zeitliche und mengenmäßige Wasserbedarf der Pflanzen hängt eng mit ihrem Entwicklungsstand zusammen. Allgemein gilt, daß die Pflanzen dann am meisten Wasser benötigen, wenn sie zügig wachsen und annähernd voll entwickelt sind. Grundsätzlich kann gesagt werden, daß junge Pflanzen einen geringen Wasserbedarf haben, daß der Wasserbedarf bei vollentwickelten und zügig wachsenden Pflanzen sehr groß ist und daß er bei reifenden und alternden Pflanzen wieder zurückgeht. Das gilt auch für die Kartoffeln.

4.1.1. Versuchsjahr 1959

Die Vegetationszeit der Frühkartoffel war 1959 durch feucht-kühle Mai- und trocken-warme Juni-Witterung gekennzeichnet. Regengaben im Mai waren darum zwecklos, Regengaben im Juni mußten gute Wirkungen zeigen.

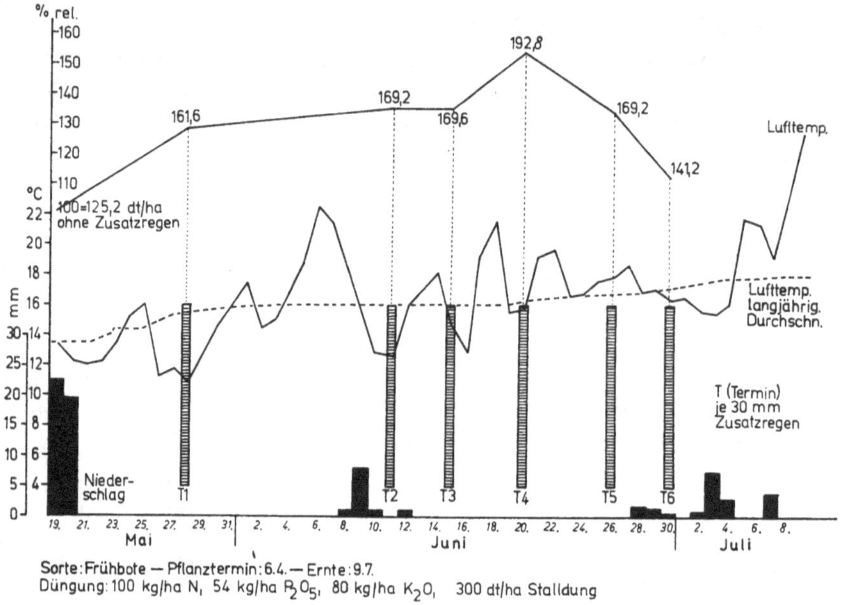

Abb. 1: Frühkartoffeln 1959

Bei den Zeitpunktversuchen sprachen alle Termine — mit Ausnahme des letzten — sehr gut an (Abb. 1).

Die Wirkung der ersten Regengabe (T 1), die nur 8 Tage nach der ausgeprägten Regenperiode verabfolgt wurde, läßt den hohen Wasserbedarf der Kartoffeln in dieser Entwicklungsphase erkennen. Die Termine 2 (T 2) bis 4 (T 4) waren noch wirksamer, wobei der Termin 4 (T 4), der rund 20 Tage vor der Ernte lag, die besten Erfolge brachte.

Der geringe Mehrertrag beim letzten Termin (T 5) ist ohne Zweifel auf die annähernd normalen Niederschläge in den ersten Juli-Tagen und auf den verbleibenden kurzen Zeitraum bis zur Ernte zurückzuführen.

Der Beregnungszeitraum klingt bei Frühkartoffeln mit Annäherung an die Ernte aus.
In den Beregnungsmengenversuchen des Jahres 1959 wurden bis zu 120 mm Zusatzregen verabreicht und der Ertrag fast linear mit zunehmender Wasserzufuhr gesteigert.
Setzen wir den besten Einzeltermin mit ein, dann erzielten wir folgende Ergebnisse (Tab. 3).

Tabelle 3
Beregnungsmengenversuch 1959

Regen	Termine	Ertrag dt/ha	Mehrertrag rel. dt/ha	%	unges.: ○ ges.: +
ohne Regen	—	125,2	—	100,—	
30 mm	20. 6.	192,8	67,6	154,—	+
60 mm	4. 6./18. 6.	202,8	77,6	162,—	+
90 mm	9. 6./20. 6./26. 6.	212,0	86,8	169,3	+
120 mm	9. 6./18. 6./20. 6./26. 6.	226,8	101,6	181,2	+

Sorte: Frühbote — Düngung: 100 kg/ha N
Pflanztermin: 6. 4. — 23,6 kg/ha P
Ernte: 9. 7. — 66,4 kg/ha K
300 dt/ha Stalldung

Trotz ständig steigender Mehrerträge können wir annehmen, daß die Beregnung mit 120 mm Zusatzregen annähernd optimal war. Die Versuche der anderen Jahre lassen diese Annahme zu.
Bei diesem Versuch ist noch zu berücksichtigen, daß die 120 mm Zusatzregen in einem Zeitraum von 18 Tagen gegeben wurden, im Mittel also alle 4—5 Tage 30 mm. Wir können daraus die Forderung nach einer großen Schlagkraft der Beregnungsanlagen ableiten.

4.1.2. Versuchsjahr 1964

Das Versuchsjahr 1964 hatte im Mai/Juni annähernd normale und gut verteilte Niederschläge und überdurchschnittliche Temperaturen. Durch relativ geringe Zusatzregenmengen wurden durchweg hohe Mehrerträge erzielt.
Allerdings wären in diesem Jahr mit großer Wahrscheinlichkeit auch noch höhere Zusatzregenmengen wirtschaftlich gewesen.
Der Zeitpunktversuch umfaßte nur 3 Termine. Am günstigsten wirkte die Gabe vom 29. 5., die in einer leichten Trockenperiode mit hohen Temperaturen gegeben wurde (Abb. 2).
Auch der zweite Termin (11. 6.) sprach noch recht gut an, obwohl 4 Tage später 29 mm Regen fielen. Die letzte Gabe (25. 6.) blieb schon in der Wirkung zurück, erhöhte den Ertrag aber auch noch um rund 24 dt/ha. Je näher der Erntezeitpunkt, desto geringer die Beregnungserfolge.
Die Zusatzregenmengen im Mengenversuch wurden nur bis 60 mm gesteigert, wobei mehrere Kombinationen mit den einzelnen Terminen durchgeführt wur-

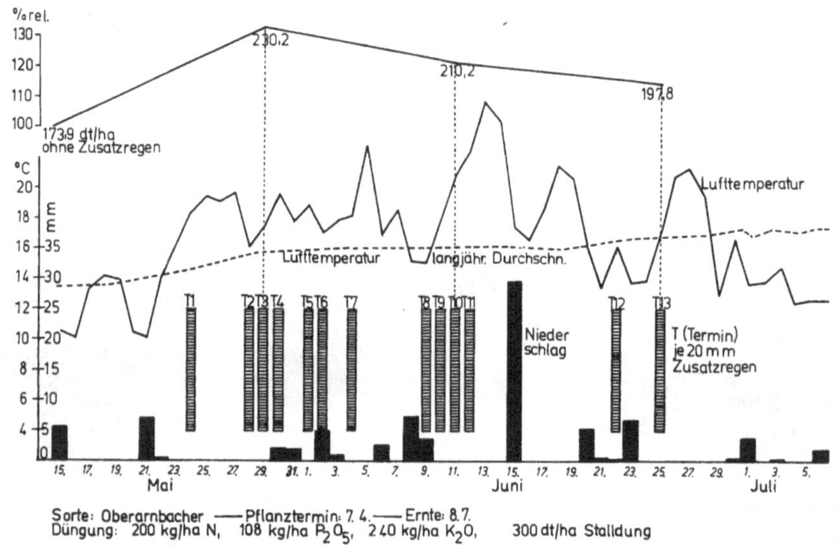

Abb. 2: Frühkartoffeln 1964

den. Am günstigsten war die 60-mm-Kombination, die vom 29. 5.—10. 6. in einem relativ engen Zeitraum bei hohen Temperaturen verabreicht wurde.

Tabelle 4
Beregnungsmengenversuch 1964

Regen mm	Termine	Ertrag dt/ha	Mehrertrag dt/ha	rel. %	unges. O ges. +
0-Regen	--	173,9	—	100,—	
40 mm	1. 6./22. 6.	269,2	95,3	154,0	+
40 mm	2. 6./22. 6.	253,2	79,3	146,0	+
60 mm	24. 5./30. 5./22. 6.	271,2	97,3	156,0	+
60 mm	28. 5./2. 6./22. 6.	272,7	98,8	157,0	+
60 mm	28. 5./9. 6./22. 6.	279,1	105,2	160,0	+
60 mm	29. 5./4. 6./9. 6.	273,2	99,3	157,0	+
60 mm	29. 5./4. 6./10. 6.	282,4	108,5	162,4	+
mm	30. 5./9. 6./22. 6.	265,6	91,7	153,0	+

Sorte: Oberarnbacher
Pflanztermin: 7. 4.
Ernte: 8. 7.

Düngung: 200 kg/ha N
47,2 kg/ha P
199,2 kg/ha K
300 dt/ha Stalldung

4.1.3. Versuchsjahr 1966

Die Witterungsverhältnisse während der Vegetationszeit der Frühkartoffeln waren 1966 für Beregnungserfolge recht günstig. Von Mitte Mai bis Ende Juni fielen bei allgemein überdurchschnittlichen Temperaturen rund 25 mm Regen.

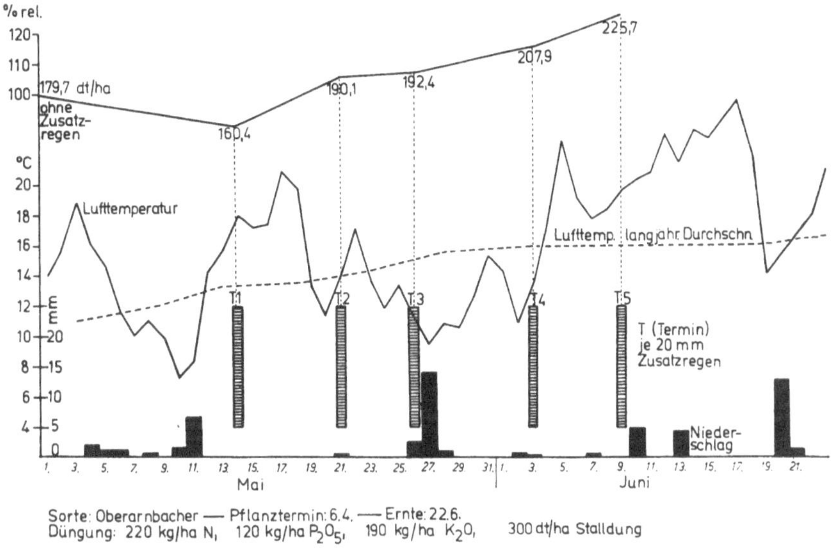

Abb. 3: Frühkartoffeln 1966

Die Versuche wurden als Zeitpunkt- und Mengenversuche angelegt, wobei die einzelnen Termine der Regengaben in den Zeitpunkt- und Mengenversuchen übereinstimmten. Dadurch kann auch die Wirkung einzelner Gaben in Kombinationen verfolgt werden. Abbildung 3 zeigt die Versuchsergebnisse des Beregnungszeitpunktversuches einschließlich der Witterungsdaten. Die Ergebnisse in Tabelle 2 wurden in einem anderen Versuch erzielt. Die erste Gabe am 14. 5. wirkte im Zeitpunktversuch negativ, obwohl in einer Trockenperiode und bei hohen Temperaturen beregnet wurde. Man könnte daraus schließen, daß die Regengabe zu früh verabreicht wurde, zumal alle späteren Regengaben gute und ansteigende Erfolge zeigten.

Tabelle 5
Beregnungsmengenversuch 1966

Regen mm	Termin	Ertrag dt/ha	Mehrertrag dt/ha	rel. %	ges.: + unges.: ○
0-Regen	–	179,7	–	100,–	
40	21. 5./3. 6.	215,5	35,8	119,–	○
40	26. 5./9. 6.	195,6	15,9	108,–	+
60	14. 5./21. 5./3. 6.	228,1	48,4	125,–	+
60	14. 5./21. 5./9. 6.	242,4	62,7	135,–	+
80	14. 5./21. 5./26. 5./9. 6.	269,0	89,3	150,–	+
80	14. 5./26. 5./3. 6./9. 6.	250,0	70,3	139,–	+
100	14. 5./21. 5./26. 5./3. 6./9. 6.	244,2	64,5	135,–	+

Sorte: Oberarnbacher — Düngung: 220 kg/ha N
Pflanztermin: 6. 4. — 52,4 kg/ha P
Ernte: 22. 6. — 157,7 kg/ha K
300 dt/ha Stalldung

In den Mengenversuchen (Tab. 5), wo dieser Termin in Kombinationen mit anderen Terminen enthalten ist, wird diese Annahme nicht bestätigt. In allen Kombinationen wurden mit T 1 besonders gute Erfolge erzielt. Deutlich ist das bei einem Vergleich der 40-mm- und der 60-mm-Varianten zu sehen. So brachte die 40-mm-Variante mit T 2 und T 4 35,8 dt/ha Mehrertrag, die 60-mm-Variante, wo T 1 hinzukam, einen Mehrertrag von 48,4 dt/ha.

Die 40-mm-Variante mit T 3 und T 5 ergab nur einen Mehrertrag von 15,9 dt/ha, die 60-mm-Variante mit T 1 brachte dagegen 62,7 dt/ha. T 1 erhöhte in diesem Versuch den Ertrag um 46,8 dt/ha und zeigte somit eine sehr gute Wirkung.

Die negative Wirkung von T 1 als Einzelgabe ist unseres Erachtens darauf zurückzuführen, daß die frühe Regengabe den Bestand zu einem intensiveren Wachstum als bei der 0-Regen-Parzelle anregte, der dann durch die spätere Trockenheit stärker als die unberegneten geschädigt wurde. Wir können daraus folgern, daß bei früher Beregnung der Kartoffel auch weiterhin eine ausreichende Wasserzufuhr gesichert sein muß, ansonsten ist mit Rückschlägen zu rechnen. Dabei verstehen wir unter „frühe Beregnung", Regengaben am Anfang des Beregnungszeitraumes.

Diese Forderung scheint besonders bei der Kartoffelberegnung große Bedeutung zu haben. Bei der Beregnung anderer Kulturen, z. B. bei Zuckerrüben (1959) und Getreide (1963) konnten wir keine ähnlichen oder nur schwach ausgeprägte Beziehungen dieser Art feststellen.

Diese Schlußfolgerungen lassen auch die Bodenfeuchtemessungen zu. Im Mittel der ganzen Messungen, die von Anfang Mai bis kurz vor der Ernte durchgeführt wurden, war in diesem Versuch die Bodenfeuchte in 25 cm Tiefe bei 40, 60 und 100 mm Zusatzregen durchweg höher als bei der 0-Parzelle. In 50 cm Tiefe war die Bodenfeuchte bei 40 und 60 mm aber deutlich geringer als bei 0-Regen, lediglich bei 100 mm Zusatzregen hatte sich auch in 50 cm Bodentiefe die Bodenfeuchte geringfügig erhöht.

Daraus kann gefolgert werden, daß richtige Beregnung auch das Wurzelwachstum anregt, so daß die Pflanzen durch ihr verzweigteres Wurzelsystem die Bodenfeuchte besser nutzen können. Das gilt besonders für die tieferen Bodenschichten.

Es kann somit nicht angenommen werden, daß die Pflanzen bei richtiger Beregnung verwöhnt werden und Luxuskonsum an Wasser betreiben, sondern daß sie sogar befähigt werden, mehr Bodenfeuchtigkeit zu verwerten. Immer wieder auftretende überraschend hohe Beregnungserfolge durch einzelne Regengaben können so vielleicht erklärt werden.

Die weiteren Termine im Zeitpunktversuch bringen ansteigende Mehrerträge, bis bei T 5 der höchste Mehrertrag erreicht wurde. Sicher hätten auch noch spätere Regengaben bis kurz vor der Ernte günstig gewirkt. Der Versuch war jedoch abgeschlossen.

In einem weiteren Versuch dieses Jahres sprach die Beregnung auch bei späteren Terminen gut an.

Im Mengenversuch ist bei den Einzelterminen nicht mehr die gleiche oder eine annähernde Wirkung vorhanden. Teils ist die Wirkung besser als im Zeitpunktversuch (T 2 bei 80 mm), teils schlechter (T 5 in 40 mm, T 4 in 80 mm, T 2 in 100 mm).
Aus dem Mengenversuch ist weiterhin zu erkennen, daß Frühkartoffeln während ihrer höchsten Massenproduktion eine hohe und möglichst gleichmäßige Wasserversorgung wünschen. T 2 und T 3 lagen nur 5 Tage auseinander, aber gerade diese beiden Gaben in Verbindung mit T 1 und T 5 brachten den höchsten Mehrertrag.
Hohe Mehrerträge setzen, wie auch die Ergebnisse der Jahre 1959 und 1964 zeigen, eine große Schlagkraft der Beregnung voraus.

4.1.4. Versuchsjahr 1968

1968 war der Mai mit 88,7 mm Regen und rel. niedrigen Temperaturen für Beregnungserfolge höchst ungeeignet.
Der Juni brachte dagegen geringe Niederschläge bei überdurchschnittlichen Temperaturen.
In einem Zeitraum- und Mengenversuch wurde am 31. 5., 10 Tage nach der Mai-Regenperiode mit der Beregnung begonnen. Dieser Termin brachte im Zeitpunktversuch keinen Erfolg (Abb. 4). Das könnte auf die reichlichen Mai-Niederschläge zurückgeführt werden. Wahrscheinlicher ist aber, daß die Regengabe auch hier den Bestand zu einem intensiveren Wachstum anregte, so daß die nachfolgende Trockenperiode die günstige Wirkung dieser Gabe wieder aufhob. Aus dem Mengenversuch ist dieses zu erkennen.

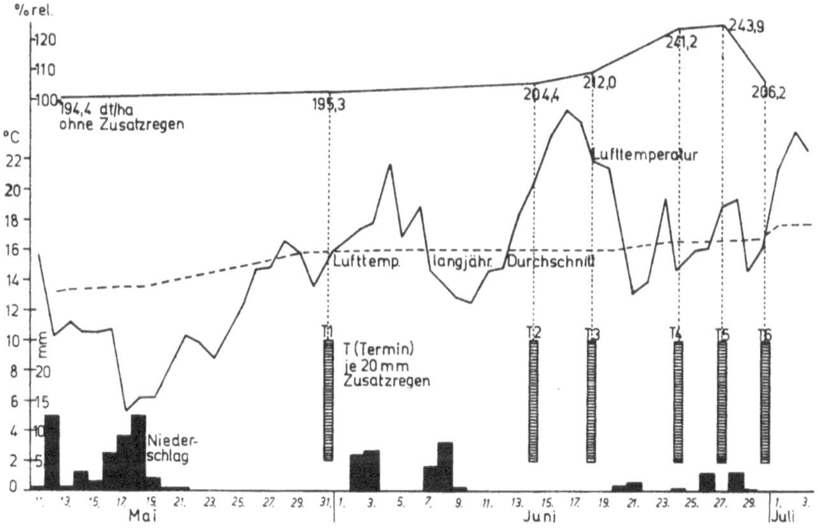

Sorte: Auriga — Pflanztermin: 29.3. — Ernte: 1.7.
Düngung: 250 kg/ha N, 102 kg/ha P_2O_5, 216 kg/ha K_2O, 300 dt/ha Stalldung

Abb. 4: Frühkartoffeln 1968

Alle anderen Termine sprachen mehr oder weniger gut an. Am besten wirkte die Gabe am 27. 6., sieben Tage vor der Ernte.
Erfolgreich war auch noch die Beregnung am letzten Termin vom 30. 6., vier Tage vor der Ernte. Das zeigt, daß bei trocken-warmer Witterung Frühkartoffeln bis kurz vor der Ernte beregnet werden können.
Im Mengenversuch (Tab. 6), wo mit den gleichen Terminen gearbeitet wurde, ist die Wirkung der Einzelgaben anders als in den Zeitpunktversuchen.

Tabelle 6
Beregnungsmengenversuch 1968

Regen mm	Termin	Ertrag dt/ha	Mehrertrag dt/ha	rel. %	ges.: + unges.: ○
0-Regen	–	194,4	–	100,–	
40	31. 5./14. 6.	252,1	57,7	129,7	+
40	18. 6./27. 6.	224,2	29,8	115,3	○
40	31. 5./24. 6.	234,1	39,7	120,4	+
60	14. 6./18. 6./27. 6.	276,7	82,3	142,3	+
60	14. 6./24. 6./27. 6.	226,4	32,0	116,5	○
60	18. 6./24. 6./27. 6.	271,3	76,9	139,6	+
80	31. 5./14. 6./18. 6./24. 6.	312,2	117,8	160,6	+
100	31. 5./14. 6./18. 6./24. 6./27. 6.	315,3	120,9	162,2	+
120	31. 5./14. 6./18. 6./24. 6./ 27. 6./30. 6.	323,2	128,8	166,3	+

Sorte: Auriga Düngung: 250 kg/ha N
Pflanztermin: 29. 3. 44,5 kg/ha P
Ernte: 1. 7. 179,4 kg/ha K
300 dt/ha Stalldung

So sprachen im Zeitpunktversuch T 1 nicht und T 2 nur wenig auf Beregnung an. Im Mengenversuch, wo beide Termine in einer 40-mm-Kombination enthalten waren, wurden sehr gute Erfolge, und zwar die höchsten von drei 40-mm-Kombinationen erzielt. Beide Termine konnten allein nicht oder nicht voll wirksam werden, erst in der Kombination ergänzten sich beide, so daß der hohe Mehrertrag gebildet werden konnte. Wie schon 1966, so zeigen auch diese Versuche, daß in beregnungsbedürftigen Jahren frühe Einzelgaben negativ oder nur wenig wirksam werden können, und zwar dadurch, daß sie die Bestände zu intensivem Wachstum und somit stärkerem Wasserverbrauch anregen, die dann bei nachfolgendem Wassermangel geschädigt werden.
In den 40-mm-Varianten wurde die gute Wirkung von T 4 und T 5 nicht erreicht.
In den 60-mm-Kombinationen sprach T 3 in Verbindung mit T 2 und T 5 sehr gut an. Trat dagegen T 4 anstelle von T 3, war der Beregnungserfolg niedriger. Die Ursache für dieses Verhalten kann darin gesehen werden, daß die Zeitspanne zwischen T 2 und T 4 zu groß, die Zeitspanne zwischen T 2 und T 3 günstiger war.
Eine kurze Zeitspanne ist auch in der 3. 60-mm-Variante zwischen T 3 und T 4 sowie T 5 vorhanden, wodurch der zweithöchste Mehrertrag bei den 60-mm-Kombinationen erreicht wurde.

Bei den weiteren Kombinationen mit höheren Regenmengen war die 120-mm-Kombination die beste, wo ebenfalls alle Einzeltermine enthalten sind. Mit einem Mehrertrag von 128,8 dt/ha liegt sie nur etwas niedriger als die addierten Einzelwerte der Zeitpunktversuche. Auch aus diesen Versuchen ist zu entnehmen, daß die Frühkartoffeln bis kurz vor der Ernte ein möglichst gleichmäßiges Wasserangebot wünschen und schon bei kleineren Pausen im Wasserdargebot keine Höchsterträge bringen. Wie die Versuche der anderen Jahre, so zeigt auch besonders die 120-mm-Kombination, daß in günstigen Beregnungsjahren auf mittleren Böden die Schlagkraft der Beregnungsanlage so groß sein muß, daß der Bestand im Beregnungszeitraum alle 5—6 Tage mit Zusatzregen versorgt werden kann.
In den meisten Versuchen wurden auch laufende Bodenfeuchtemessungen durchgeführt. Wir konnten aber keine klaren Beziehungen zwischen dem Verlauf der Bodenfeuchte und dem Beregnungseinsatz finden. Das trifft auch für den osmotischen Wert (Messungen mittels Refraktometer) in Verbindung mit dem Beregnungseinsatz zu.

4.2. Höhe der Einzelgaben

Die Höhe der einzelnen Regengaben ist ein Kompromiß zwischen pflanzenphysiologischen Gesichtspunkten und arbeitswirtschaftlichen Überlegungen. Fast immer und bei den meisten Pflanzen findet man in Beregnungsversuchen, daß der Wirkungswert der Wassereinheit mit zunehmender Höhe der Einzelgaben kleiner wird. Auf der anderen Seite erhöhen kleine Einzelgaben den Arbeitsaufwand bei der Beregnung, so daß die Beregnungskosten ansteigen. Auf Grund dieser Überlegungen haben sich Einzelgaben von 20—30 mm unter den gegenwärtigen Verhältnissen und bei den meisten Kulturen am besten bewährt. Es tritt nun die Frage auf, ob das auch für die Frühkartoffeln gilt.
In dem beregnungsbedürftigen Jahr 1964 führten wir einen Beregnungsmengenversuch mit unterschiedlich hohen Einzelgaben durch. Wie die Abbildung 5 zeigt, hatten die 10-mm-Einzelgaben den größten Wirkungswert je verregneter Wassereinheit. Mit steigender Höhe der Einzelgaben, aber auch der Gesamtmengen, ging der Wirkungswert mehr und mehr zurück, obwohl der Gesamtmehrertrag noch anstieg.
In dem feuchten Jahr 1956 beregneten wir nach ähnlichen Gesichtspunkten, und zwar verregneten wir je eine Gabe zu 10, 20, 30 und 40 mm. Die 10- und 20-mm-Gaben brachten wirtschaftliche Mehrerträge, die 30- und 40-mm-Gaben nur Mindererträge. Obwohl die Werte kaum oder nur schwach gesichert waren, lassen sie doch Rückschlüsse auf die Höhe der Einzelgaben zu.
Beide Versuche zeigen, daß auch bei der Frühkartoffelberegnung die Einzelgaben 20—30 mm nicht überschreiten sollten.

4.3. Einfluß des Erntetermins auf den Beregnungserfolg bei Frühkartoffeln

Die hohe Beregnungsdankbarkeit der Frühkartoffeln ist in erster Linie auf ihren hohen Marktwert zurückzuführen. Aber auch die möglichen Mehrerträge an Masse (siehe Tab. 2) bedingen ihre gute Beregnungsdankbarkeit.

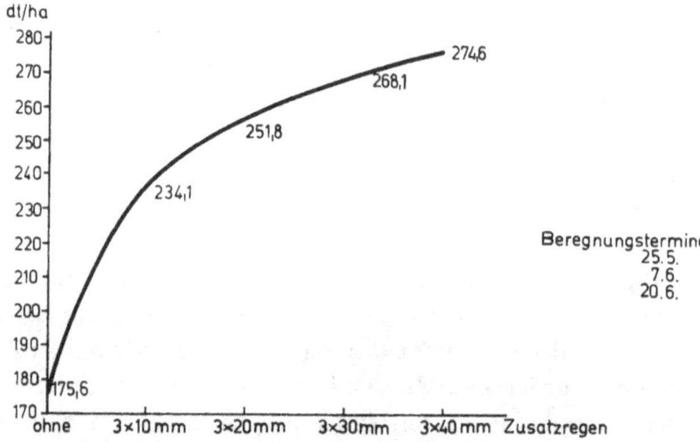

Abb. 5: Unterschiedliche Einzelgaben und Beregnungsmengen bei Frühkartoffeln 1964

Da die Frühkartoffeln im intensiven Anbau nie im ausgereiften Zustand geerntet werden, bleibt die Frage offen, ob bei Beregnung eine frühe oder eine späte Ernte zweckmäßiger ist. Eine frühe Ernte bringt immer niedrige Massenerträge, aber in der Regel hohe Erzeugerpreise; bei später Ernte ist es umgekehrt.
1965 standen gut vorgekeimte Frühkartoffeln der Sorte „Auriga" auf zwei getrennten aber sonst ähnlichen Schlägen. Auf Schlag 1 wurden sie am 29. 6. geerntet, auf Schlag 2 am 26. 7. Folgende Erträge wurden erzielt:

Schlag 1	ohne Regen	165,8 dt/ha
	mit 100 mm Zusatzregen*	281,7 dt/ha
Schlag 2	ohne Regen	343,6 dt/ha
	mit 60 mm Zusatzregen*	397,6 dt/ha

* jeweils beste Beregnungsvariante

Bei der frühen Ernte wurde somit ein Mehrertrag von rund 116,— dt/ha erzielt, bei der späten 54,— dt/ha. Berücksichtigt man noch das Preisgefüge bei den jeweiligen Ernteterminen, dann tritt der überragende Einfluß der Beregnung bei früher Ernte erst recht in Erscheinung.
Die Beziehungen zwischen Mehrertrag und unterschiedlichen Ernteterminen werden nicht immer so stark hervortreten, wie in dem angeführten Beispiel. 1965 hatten wir nach einem trockenen Juni einen feuchten Juli, der die Beregnungserfolge im Juni überdeckte.
Der Ertragszuwachs durch Beregnung bei Frühkartoffeln ist in erster Linie auf größere Knollen zurückzuführen. Aus einem weiteren Beregnungsversuch aus dem Jahr 1965 mit Frühkartoffeln (Lüsewitzer Stamm 54872/172) ist das deutlich zu erkennen. So betrug der Anteil der kleinen Knollen (unter 3 cm) bei der Ernte:

ohne Regen	rund 22%
20 mm	rund 12%
40 mm	rund 11%
60 mm	rund 10%
80 mm	rund 9%
100 mm	rund 8%

Beregnung verfrüht den Erntetermin, zwingt auf der anderen Seite aber auch zum frühen Roden, wenn man die Beregnungswirkung voll nutzen will.

4.4. Einfluß der Beregnung auf den Stärkegehalt der Frühkartoffeln

Obwohl der Stärkegehalt bei Frühkartoffeln nicht die Bedeutung wie bei den anderen Reifegruppen hat, prüften wir auch hier den Einfluß der Beregnung. In dem Zeitraum von 1959—1967 (mit Ausnahme der Jahre 1960, 1961, 1962) führten wir 147 Beregnungsversuche bei Frühkartoffeln durch, und zwar Zeitraum-, Mengen- und Sortenversuche. In den meisten Fällen wurde der Stärkegehalt gesenkt, in einigen Fällen aber auch erhöht. Im Durchschnitt aller Beregnungsversuche ging der Stärkegehalt durch Beregnung um 0,867% zurück.
Es ist schwer, eine bestimmte Gesetzmäßigkeit zwischen Beregnung und Stärkegehalt nachzuweisen. Es scheinen Beziehungen zwischen Jahreswitterung, Beregnungstermin, Gesamtzusatzregenmenge, Mehrertrag und Stärkegehalt der Kartoffeln zu bestehen. Stellen wir die Ergebnisse unter diesen Gesichtspunkten zusammen, dann zeigt sich folgendes:

Tabelle 7
Veränderung des Stärkegehaltes bei Frühkartoffeln durch Beregnung in einzelnen Jahren

Jahr	Anzahl der Versuche	Stärkegehalt im Mittel in %	
		erhöht	gesenkt
1959	13	—	0,423
1963	13	—	0,562
1964	4	—	0,325
1965	54	—	1,813
1966	36	—	0,908
1967	27	0,641	—

In den Jahren mit hohen Mehrerträgen wurde der Stärkegehalt gesenkt, und zwar umso mehr, je höher die Mehrerträge waren. In Jahren mit geringen Mehrerträgen (1967) wurde der Stärkegehalt erhöht.
Betrachten wir die Wirkung der einzelnen Beregnungstermine im Beregnungszeitraum der Kartoffel auf den Stärkegehalt, dann zeigt sich folgendes:

Tabelle 8
Veränderung des Stärkegehaltes bei Frühkartoffeln durch unterschiedliche Beregnungstermine

Beregnungstermine	Anzahl der Versuche	Stärkegehalt im Mittel in %	
		erhöht	gesenkt
10. 5.—20. 5.	5	—	0,740
21. 5.—31. 5.	13	0,569	—
1. 6.—10. 6.	21	—	0,262
11. 6.—20. 6.	7	—	0,443
21. 6.—30. 6.	10	—	0,810
1. 7.—14. 7.	3	—	0,433

Bei sehr frühen und sehr späten Regengaben geht der Stärkegehalt deutlich zurück. Günstig scheinen dagegen Regengaben Ende Mai/Anfang Juni zu wirken.

Unterschiedliche Zusatzregenmengen beeinflußten den Stärkegehalt der Kartoffeln folgendermaßen:

Tabelle 9
Veränderung des Stärkegehaltes bei Frühkartoffeln durch unterschiedliche Zusatzregenmengen

Zusatzregenmengen	Anzahl der Versuche	Stärkegehalt im Mittel in %	
		erhöht	gesenkt
20 mm	50	–	0,200
21– 40 mm	43	–	0,472
41– 60 mm	23	–	1,696
61– 80 mm	20	–	1,920
81–100 mm	9	–	1,933
101–120 mm	2	–	1,050

Mit steigenden Zusatzregenmengen geht der Stärkegehalt mehr und mehr zurück.

Die letzten Werte der Zusammenstellung weichen darin etwas ab. Zwei Versuche sind aber nicht aussagekräftig genug.

Setzen wir die erzielten Mehrerträge in Beziehung zum Stärkegehalt, dann zeigt sich folgendes Bild:

Tabelle 10
Veränderung des Stärkegehaltes bei Frühkartoffeln bei steigenden Mehrerträgen durch Beregnung

Mehrertrag	Anzahl der Versuche	Stärkegehalt im Mittel in %	
		erhöht	gesenkt
0– 25 dt/ha	22	–	0,018
26– 50 dt/ha	35	–	0,623
51– 75 dt/ha	19	–	0,721
76–100 dt/ha	29	–	1,335
101–125 dt/ha	15	–	2,733
126–150 dt/ha	7	–	3,486

Mit steigenden Beregnungserfolgen im Durchschnitt vieler Versuche nimmt der Stärkegehalt der Kartoffeln mehr und mehr ab.

4.5. Verminderung der Ertragsschwankungen durch Beregnung

Die unterschiedliche klimatische Beregnungsbedürftigkeit der einzelnen Jahre spiegelt sich in der Praxis in den jährlichen Ertragsschwankungen wider. Eine Verminderung dieser Schwankungen hat eine große betriebswirtschaftliche und volkswirtschaftliche Bedeutung. Wie weit die Beregnung bei Frühkartoffeln diese abschwächen kann, soll aus den langjährigen Beregnungsversuchen abgeleitet werden. Dazu ist es notwendig, die Ertragsschwankungen mit und ohne Beregnung gegenüberzustellen. Aus Tabelle 2 können wir die Einzel- und die Durchschnittserträge der 12-jährigen Versuche mit und ohne Zusatzregen entnehmen und die Schwankungen davon ableiten. So betrugen:

die Ertragsschwankungen ohne Zusatzregen 44,9%
die Ertragsschwankungen mit Zusatzregen 29,1%

Die jährlichen Ertragsschwankungen bei Frühkartoffeln können somit durch Beregnung abgeschwächt werden.

5. Schlußfolgerungen aus den Beregnungsversuchen

Die langjährigen Beregnungsversuche zeigen, daß die Frühkartoffeln zu den beregnungsdankbarsten Kulturen zählen. In 12-jährigen Versuchen wurde bei durchschnittlich 76,7 mm Zusatzregen ein mittlerer Mehrertrag von 84,1 dt/ha erzielt. 1 mm Zusatzregen brachte demzufolge einen Mehrertrag von etwas über 1 dt/ha.

Die Versuche ergaben weiterhin, daß der Beregnungszeitraum bei intensiv angebauten Frühkartoffeln (Pflanztermin Anfang April, frühe Rodung) auf mittleren Böden von Mitte Mai bis kurz vor der Ernte reicht. Bei leichteren Böden beginnt er etwas früher — bei schwereren Böden beginnt er etwas später. Bei Spätpflanzungen setzt auch der Beregnungszeitraum später ein.

Die Gesamtzusatzregenmenge ist sehr witterungsabhängig und deshalb von Jahr zu Jahr großen Schwankungen unterworfen. In dem relativ kurzen Beregnungszeitraum der Frühkartoffeln kann sie von 20 mm bis über 120 mm ausgedehnt werden. Daraus muß die Forderung nach einer ausreichenden Schlagkraft der Beregnungsanlage abgeleitet werden.

Brauchbare Anhaltspunkte für die Steuerung der Beregnung und somit für die Zusatzregenmenge gibt das Beregnungsdiagramm (1967). In den 12jährigen Versuchen stimmten die errechneten und die verregneten Wassermengen sowie der zeitliche Zusatzwasserbedarf gut überein.

Bei den einzelnen Regengaben waren Gaben in Höhe von 10—20 mm am wirksamsten. Um auch den arbeitswirtschaftlichen Belangen gerecht zu werden, können für die Praxis Einzelgaben von 20—30 mm empfohlen werden.

Die Ertragssteigerung durch Beregnung wird in erster Linie durch größere Knollen erreicht. Das bedeutet gleichzeitig, daß die Kartoffeln früher geerntet werden können. Beregnung fordert andererseits eine frühzeitige Ernte, wenn eine hohe Wirtschaftlichkeit dieser Maßnahme gewährleistet sein soll.

Durch Beregnung wird der Stärkegehalt allgemein gesenkt; er kann aber auch erhöht werden. Wir können annehmen, daß diese Beziehungen mit den Witterungsverhältnissen einzelner Jahre zusammenhängen. Außerdem wirkt frühe und späte Beregnung auf den Stärkegehalt negativ. Günstig auf den Stärkegehalt scheinen dagegen Regengaben Ende Mai/Anfang Juni zu wirken. Eindeutig ist die Tendenz zu erkennen, daß mit steigenden Zusatzregenmengen der Stärkegehalt mehr und mehr zurückgeht. Das gilt auch bei steigenden Mehr-

erträgen. Je größer der Mehrertrag durch Beregnung, desto mehr fällt der Stärkegehalt der Kartoffel ab. Dieser Abfall wird aber durch den Mehrertrag an Knollen mehr als aufgehoben, so daß durch sachgemäße Beregnung auch der Gesamtstärkeertrag erhöht wird.
Die Ertragsschwankungen können durch Beregnung abgeschwächt werden.

Zusammenfassung

Die Beregnung der Frühkartoffeln wurde an Hand 12jähriger Beregnungsversuche behandelt.
Es wurde gefunden, daß der Beregnungszeitraum bei Frühkartoffeln bei mittleren Bodenverhältnissen von Mitte Mai bis einige Tage vor der Ernte reicht.
70—80 mm Zusatzregen waren im Durchschnitt der Jahre am wirtschaftlichsten.
Dadurch konnten die Kartoffelerträge im langjährigen Mittel um 84,1 dt/ha = 50,9% gesteigert werden.
Der Stärkegehalt der Frühkartoffeln ging durch Beregnung in der Regel zurück, und zwar umso mehr, je mehr Zusatzregen verabreicht wurde oder je höher die Mehrerträge durch Beregnung waren. Nur in einigen Fällen wurde der Stärkegehalt der Kartoffeln durch Beregnung erhöht.
In dem angeführten Versuchszeitraum betragen die Ertragsschwankungen bei den unberegneten Kartoffeln 44,9%, bei den beregneten 29,1%.

Резюме

Название работы: Дождевание раннего картофеля на основе 12-летних опытов по дождеванию
В течение 12 лет изучали в опытах дождевание раннего картофеля. Установлено, что на средних почвах достаточно дождевать с середины мая и окончить дождевание за несколько дней до уборки урожая. В среднем лет опыта экономически наиболее эффективным оказалось дополнительное дождевание в норме 70—80 мм. Урожай картофеля повысился на 84,1 ц/га, т.е. на 50,9%. В связи с дождеванием содержание крахмала в клубнях, как правило, снижалось. Оно снижалось тем более, чем больше было количество израсходованной воды или чем выше были прибавки урожая, достигнутые дождеванием. Лишь в единичных случаях содержание крахмала в картофеле повысилось в результате дождевания. За упомянутый опытный период колебания урожайности составляли у картофеля без дождевания 44,9%, с дождеванием 29,1%.

Summary

Title of the paper: Twelve-year sprinkling-irrigation experiments with early potatoes
Sprinkling of early potatoes was studied in 12-year experiments. With medium soil conditions, the sprinkling period for early potatoes was found to

last from the middle of May until some days before harvest. Supplemental sprinkler irrigation of 70 to 80 mm proved most economic as the average of the test years revealed. Sprinkling accounted for a yield increment of 84.1 decitons per hectare (50.9 per cent) as an average of several years.
The starch content of the early potatoes usually decreased due to sprinkling as rates of sprinkling water or yield increments obtained by sprinkling went up.
During the experimental period yield fluctuations of non-sprinkled potatoes were 44.9 per cent, whilst for sprinkled potatoes they amounted to 29.1 per cent only.

Literatur

BAUMANN, H.: Handbuch der Landwirtschaft, 1, Berlin, Parey Verlag (1953)
BROUWER, W.: Die Feldberegnung, 4. Aufl., Frankfurt am Main, DLG-Verlag (1953)
KLAPP, E.: Handbuch der Landwirtschaft, 2, Berlin, Parey Verlag (1953)
RÜBENSAM und STEINBRENNER: Einfluß der Beregnung auf den Ertrag landwirtschaftlicher Kulturpflanzen, Albrecht-Thaer-Archiv, 4 (1960), S. 507–526
TAMM, E.: Über Beziehungen zwischen Witterungsverlauf und Ertragsleistung bei landwirtschaftlichen Kulturpflanzen im Land Brandenburg (Sommer- und Wintergetreide), Z. f. Acker- u. Pflanzenbau, 92 (1950), S. 450–465
KLATT, F.: Methode zur Feststellung der Beregnungsbedürftigkeit und -würdigkeit, Wasserwirtschaft-Wassertechnik, 8 (1958), S. 558–560
KLATT, F.: Die Beregnung der Zuckerrübe an Hand 8jähriger Beregnungsversuche, Z. f. Acker- und Pflanzenbau, 109 (1959), S. 408–429
KLATT, F.: Die Beregnung der Getreidearten an Hand 10jähriger Beregnungsversuche, Z. f. Landeskultur, 4 (1963), S. 3–34
KLATT, F.: Die Steuerung der Beregnung nach dem Beregnungsdiagramm, Z. f. Landeskultur, 8 (1967), S. 89–98

Anschrift des Verfassers:
Dr. FRITZ KLATT
1551 Berge
Beregnungsfeld

Z. Landeskultur · Bd. 11 · 1970 · Heft 1 · S. 29–44 · Berlin

Aus dem Lehrstuhl für Landwirtschaftliche Meliorationen der Sektion Pflanzenproduktion der Martin-Luther-Universität Halle-Wittenberg

WOLFGANG LEIPNITZ

Die Wirkung der Klarwasserberegnung bei der Steigerung der Ertragsfähigkeit und Ertragssicherheit von Dauerweiden in der Altmärkischen Wische bei Anwendung von Stickstoffdünger

Eingegangen 26. 2. 69

Die noch nicht beherrschten Bodenwasserverhältnisse dieses schweren Flußauenstandortes, die langsame Wasserbewegung des mit 45 bis über 80 v. H. abschlämmbaren Teilchen und einer Hygroskopizität von 10 bis über 20 v. H. gekennzeichneten Oberbodens von sehr unterschiedlicher Mächtigkeit und die wechselnd hohen Grundwasserstände im Bereich des unterlagernden Sandes bedingen eine starke Abhängigkeit des Graswuchses von den in größeren Vegetationsabschnitten oft unzureichenden Niederschlägen. Es ist erklärlich, daß unter derartigen Bedingungen der Gedanke an eine Zusatzbewässerung erwogen wird, um hohe und gleichmäßige Erträge zu erreichen und vorhandene gegen häufig auftretende Extreme des Bodenwasserhaushaltes zu sichern (DÖRTER, 1965).

Im Zeitraum von 1962 bis 1965 wurde in einem Parallelweideversuch die Wirkung der Klarwasserberegnung unter Anwendung hoher Düngermengen auf den Pflanzenertrag, auf die Futterqualität und auf die Weideleistung untersucht. Es handelte sich um eine Umtriebsweide mit drei Weidenutzungseinheiten auf einer Neuansaat aus dem Jahre 1956 im VEG Lichterfelde/Altm., Betriebsteil Falkenberg. Die Anlage war so geplant, daß ein Vergleich zwischen der beregneten WNE C und der nicht beregneten, gleich hoch gedüngten WNE B möglich war. Die Düngermengen betrugen 200 kg N/ha, 61 kg P/ha (140 kg P_2O_5) und 166 kg K/ha (200 kg K_2O). Unabhängig vom Beregnungsversuch konnten die WNE A und B auf Grund einer Stickstoffsteigerung gegenübergestellt werden. Die WNE A erhielt 40 kg N/ha, 26 kg P/ha (60 kg P_2O_5) und 66 kg K/ha (80 kg K_2O). Der Grunddünger wurde im Februar/März gestreut. Die N-Gaben teilten wir auf der WNE A in Mengen zu 2×20 kg, auf den WNE B und C in Mengen zu 60, 40, 60 und 40 kg. Als Versuchstiere dienten weibliche Jungrinder im Alter von 18 bis 24 Monaten.

1. Versuchsstandort

Der Versuchsstandort war ein Auenboden mit durchschnittlich 74 v. H. abschlämm baren Teilchen und schwacher Vergleyung im Unterboden. Die Boden-

reaktion war 1962 auf der WNE A mit pH 5,8, auf den WNE B und C mit 6,5 schwach sauer. Die Phosphorsäurewerte erreichten in der Bodentiefe bis zu 10 cm auf der WNE A 9,7 mg, auf der WNE B 26,7 mg und auf der WNE C 19,8 mg. Die Kaliwerte lagen auf der WNE A bei 18,7 mg, auf der WNE B bei 28,1 mg und auf der WNE C bei 25,4 mg.
Zur Prüfung der Einheitlichkeit der WNE B und C sind die Erträge aus dem Jahre 1961 herangezogen worden. Die Streuung s ist mit 6,2 v. H. als gering anzusehen, womit die Einheitlichkeit der Ertragsverhältnisse der Flächen vor der Versuchsanstellung bewiesen ist (LEIPNITZ, 1966).

2. Witterung in den Versuchsjahren

Zwei Trockenjahre und zwei feuchte und kühle Jahre kennzeichneten den Versuchszeitraum. Über die Niederschlagshöhen unterrichtet die Tabelle 1.

Tabelle 1
Natürlicher Niederschlag und Beregnung (in mm)

Jahr	Jahresniederschlag	v. H.	Niederschlag in der Vegetationsperiode	v. H.	Beregnung
langj. Mittel	572	100	326	100	—
1962	491	86	302	92	110
1963	358	63	214	65	395
1964	446	78	286	88	206
1965	588	103	342	112	187

Während in den Jahren 1962 und 1965 ein Beregnungserfolg nicht sichergestellt werden konnte, war das Jahr 1963 ein ausgesprochenes Beregnungsjahr. Im darauffolgenden Jahr 1964 wirkte die Beregnung auf Grund der etwas günstigeren Niederschlagsverteilung geringer.

3. Methodik zur Steuerung des Beregnungseinsatzes

In unserem Klimagebiet gestaltet sich die Einsatzlenkung der Beregnung außerordentlich schwierig. Hinzu kommt, daß der Zeitpunkt für einen optimalen Beregnungseinsatz auf dem Grünland aus pflanzenbaulicher Sicht unbekannt ist. In warmen und trockenen Witterungsperioden kann die Beregnung zu beachtlichen Mehrerträgen führen. Dagegen bleiben sie in feuchten und kühlen Witterungsabschnitten aus.
In den Versuchsjahren 1962 und 1963 bestimmte ausschließlich der Witterungsverlauf den Beregnungszeitpunkt und die Zusatzregenmenge, wobei die Tagesmittelwerte der Temperaturen und die Dekadenmengen der Niederschläge Berücksichtigung fanden. In den letzten beiden Jahren wurde in Anlehnung an die Methode von ACHTNICH (1957), CZERATZKI und KORTE (1961) nach der Boden-

feuchte beregnet. Ergänzend ist die klimatische Wasserbilanz nach KUHNKE (1936) für die Steuerung der Beregnung herangezogen worden. Die Einzelregengaben erreichten Höhen von 30 und 40 mm. In Ausnahmefällen wurden auch höhere Gaben verabreicht.

4. Ergebnisse und Diskussion

4.1. Pflanzenerträge und der Graszuwachs

Der pflanzliche Aufwuchs wurde am Auftriebstage an Probeflächen erfaßt.
Im Versuchsjahr 1962 wurden von 5 Umtrieben drei beregnet. Der erste und der fünfte Umtrieb entfielen für eine Beregnung. 110 mm Zusatzwasser führten zu einem Mehrertrag von 32,6 dt Grünmasse bzw. 0,2 dt Tr. M./ha. Werden die Erträge aller Umtriebe berücksichtigt, entsteht ein Grünmassemehrertrag von 49 dt/ha bzw. ein Trockenmassemehrertrag von 2,5 dt/ha (Tab. 2).

Tabelle 2
Grün- (a) und Trockenmasseerträge (b) der WNE A, B und C von 1962 bis 1965 (in dt/ha)

Jahr	WNE A		WNE B		WNE C	
	a	b	a	b	a	b
1962	301	57,2	464	90,8	513	93,3
1963	160	38,3	253	56,7	470	94,2
1964	202	45,9	342	68,9	424	76,4
1965	269	53,1	445	81,3	497	80,4
Durchschnitt	233	48,6	376	74,4	476	86,0

Eine Gegenüberstellung der Erträge der WNE B und A ergibt eine Differenz von 163 dt Grünmasse oder 33,6 dt Tr. M./ha zugunsten der fünffachen Stickstoffmenge.
Im Versuchsjahr 1963 wurden Mehrerträge an Grünmasse von 217 dt/ha und an Trockenmasse von 37,5 dt/ha durch 395 mm Zusatzwasser erzielt. In diesem Jahre wurden alle Umtriebe beregnet. Die Mehrerträge der WNE B betrugen gegenüber denen der WNE A 93 dt Grünmasse oder 18,4 dt Tr. M./ha.
Im Versuchsjahr 1964 wurde eine Zusatzberegnung erst mit dem 3. Aufwuchs notwendig, da bis in den Juni hinein ausreichend Feuchtigkeit und ein intensives Graswachstum festzustellen waren. Wird der gesamte Mehrertrag der beregneten WNE berücksichtigt, so werden 82 dt Grünmasse/ha oder 7,5 dt Tr.-M./ha errechnet. Der Beregnungserfolg, der streng genommen nur aus dem direkten Vergleich zwischen den beregneten und nicht beregneten Umtrieben hervorgeht, kam in 94 dt Grünmasse oder 11,1 dt Tr.M./ha bei 206 mm Zusatzwasser zum Ausdruck.
Bei einem Ertragsvergleich zwischen den WNE A und B ergeben sich Mehrerträge von 140 dt grüner Masse bzw. 23 dt Tr.M./ha.
Im Jahre 1965 lag der Beregnungserfolg durch 187 mm Klarwasser, auf den 2. bis 4. Aufwuchs verteilt, in 36 dt Grünmasse. Bei den Trockenmasseerträgen

mußte jedoch ein Minderertrag von 1,7 dt/ha hingenommen werden. Unter Berücksichtigung des nicht beregneten ersten Umtriebes wurden 52 dt Grünmasse mehr, aber 0,9 dt Trockenmasse weniger geerntet. Der Grünmassemehrertrag war folglich auf einen höheren Wassergehalt des Futters der WNE C zurückzuführen.

Die fünffache Stickstoffmenge bewirkte einen Mehrertrag von 176 dt Gras bzw. 28,2 dt Tr.M./ha.

Im Durchschnitt der vier Versuchsjahre wurde also durch die Beregnung nur ein Mehrertrag von 100 dt Gras bzw. 11,6 dt Trockenmasse erzielt. Zu ähnlichen,

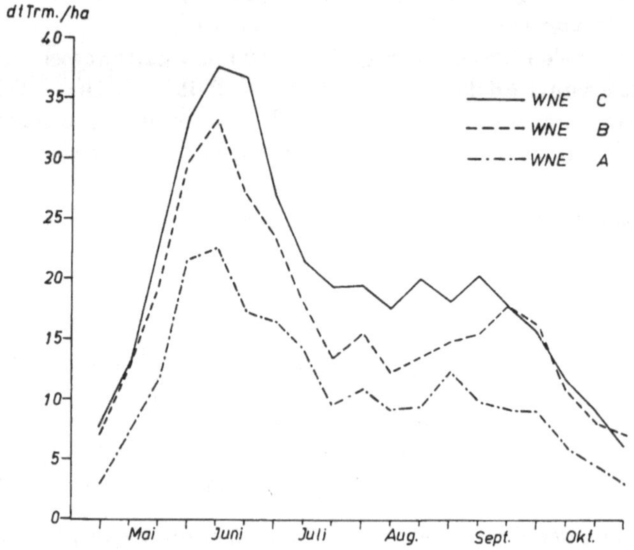

Abb. 1: Durchschnittlicher Graszuwachs 1962—1965

nicht zufriedenstellenden Mehrerträgen gelangten BAUMANN und KREIL (1954), BECKHOFF (1963), BORCHARDT (1931), JONES und WAKELAND (1955), LEVINE u. a. (1955), MYHR (1964), SCHÜTZHOLD, KIESSLING und BECKHOFF (1961). Ein Vergleich zwischen den WNE A und B zeigt, daß 200 kg N/ha gegenüber 40 kg N/ha einen Mehrertrag von 143 dt grüne Masse oder 25,8 dt Trockenmasse bewirkten.

Den Einfluß der Beregnung auf den Zuwachsverlauf des Weidegrases sollen die Abbildungen 1, 2, 3, 4 und 5 verdeutlichen. Aus der C-Kurve (Abb. 1) geht hervor, daß es im Mittel der Jahre nicht möglich war, in kritischen Zeiten etwa 20 dt Tr.M./ha zu sichern. Ertragsabfälle um den 10. August und Ende August bis Anfang September waren auf Grund der klimatischen Einflüsse zu verzeichnen. Die Septemberberegnung hatte im Mittel nur einen geringen Erfolg. Als Ausdruck eines klimabedingten Ertragsverlaufes dienen die Kurven der WNE A und B.

Das Abnehmen der Wuchsleistung ab 10. Juni ist pflanzenphysiologisch bedingt und zu einem erheblichen Teil auf photoperiodische Einflüsse zurückzuführen.

RAPPE (zit. bei VOIGTLÄNDER, 1963) erklärt die Sommerdepression mit dem stark beeinträchtigten vegetativen Wachstum während der generativen Phase der Gräser, das auch dann durchlaufen wird, wenn die Pflanzen durch Schnitt- oder Weidenutzung am Blühen und Fruchten gehindert werden. Es liegt nahe, daß unter unseren Verhältnissen spät oder nicht zum Schossen gelangende Gräser die geeigneten Weidepflanzen wären.
Im Jahre 1962 (Abb. 2) war ein Beregnungserfolg nicht erkennbar. Die klimatischen Verhältnisse ermöglichten ein ungestörtes Massenwachstum der Gräser.

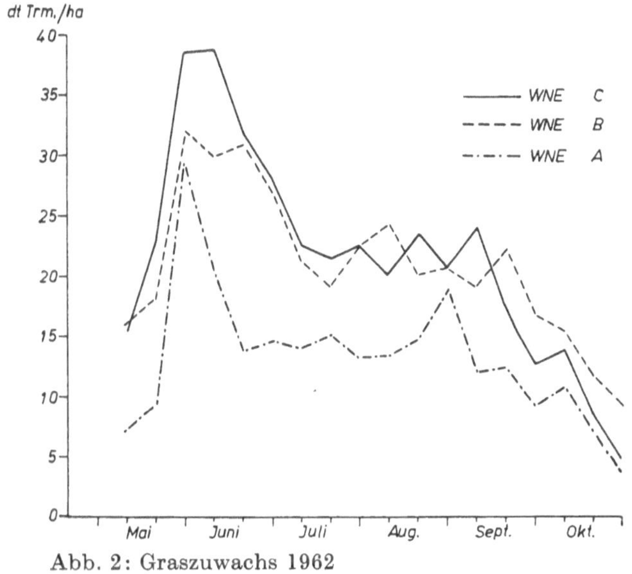

Abb. 2: Graszuwachs 1962

Nach Ausdruck eines intensiven Vorsommerwachstums verharren die B- und die C-Kurve auf nahezu gleicher Höhe (zwischen 19 und 24,3 dt Tr.M./ha). Ein durch Sommertrockenheit hervorgerufenes Kurvental entstand nicht. Ähnliches zeigt die Ertragskurve der WNE A.
Gänzlich anders verhielt sich der Graszuwachs im Versuchsjahr 1963 (Abb. 3). Während die auf der WNE C bereits im Mai begonnene Beregnung zu einem intensiven Gräserwachstum führte und Erträge von 53 dt Tr.M./ha geerntet wurden, erreichte die WNE B Erträge von nur 34,9 dt Tr.M./ha. Der Beregnungserfolg kommt auch in der Verzögerung des zeitlichen Ertragsabfalles zum Ausdruck. Einer durch klimatische Einflüsse bedingten Ertragsdepression im August konnte die Beregnung nicht entgegenwirken. Die unterste Ertragsgrenze lag bei 16 dt Tr. M./ha. Die Kurve der WNE B weist einen physiologisch bedingten Ertragsabfall vom 10. bis etwa 20. Juni auf. In den Monaten Juli und August unterscheiden sich die WNE A und B in ihren Erträgen kaum voneinander. Diese Kurvenabschnitte unterrichten von der Wirkungslosigkeit der Stickstoffdüngung in Dürreperioden. In den Ertragstälern wurden nur 2,8 bzw. 3,5 dt Tr.M./ha ermittelt. Die einsetzenden Niederschläge Ende August führ-

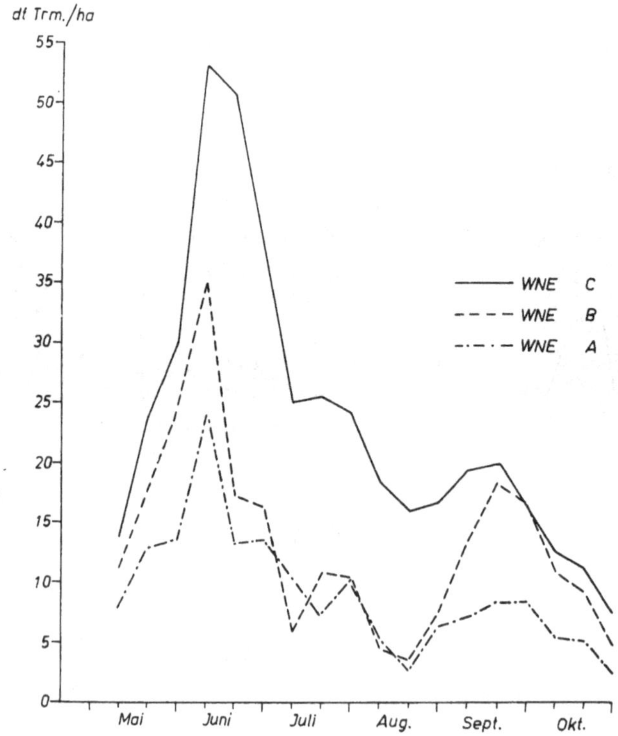

Abb. 3: Graszuwachs 1963

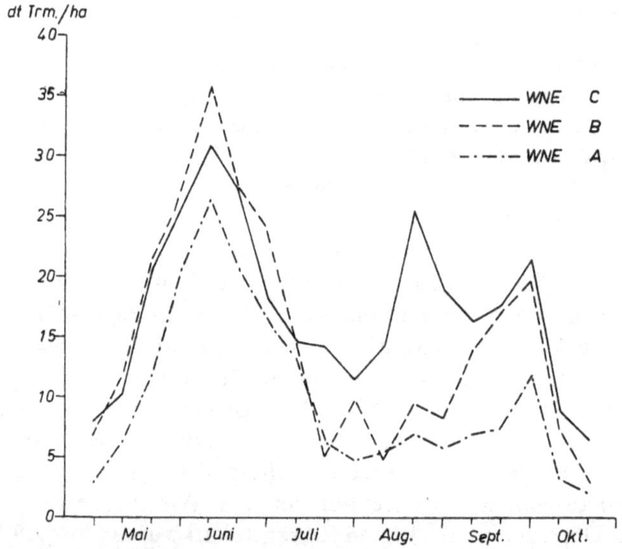

Abb. 4: Graszuwachs 1964

ten zu einem steilen Anstieg der Ertragskurve von B, die um die zweite Septemberdekade nahezu die Höhe der C-Kurve erreichte.
Im Versuchsjahr 1964 (Abb. 4) traten auf der WNE B Ertragsdepressionen in den Monaten Juli und August auf. Die Erträge sanken auf 5 dt Tr.M./ha und darunter bis zur Ertragshöhe der WNE A. Der Ertragsrückgang im Juli/August konnte durch die Beregnung nicht aufgefangen werden.

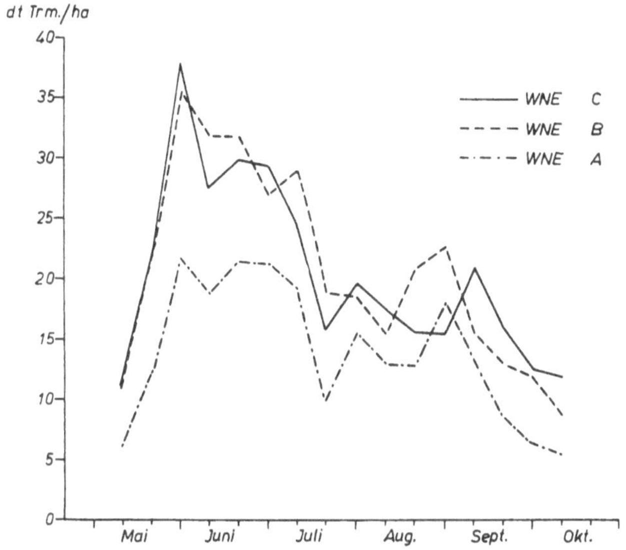

Abb. 5: Graszuwachs 1965

Im Jahre 1965 (Abb. 5) blieb der Einfluß der Beregnung nicht nur wirkungslos, sondern verursachte im Juli und zum Teil im August und September Ertragsdepressionen.

4.2. Inhaltsstoffe des Futters

Die Unterschiede im Gehalt des Weidefutters an Inhaltsstoffen waren zwischen „beregnet" und „unberegnet" sehr gering (Tab. 3, 4, 5 und 6). Der Grund hier-

Tabelle 3
Rohprotein- und Rohfasergehalt des Heues 1962
(in v. H. der Trockensubstanz)

Umtrieb	Rohproteingehalt		Rohfasergehalt	
	WNE B	WNE C	WNE B	WNE C
1	16,9	17,4	19,4	20,4
2	15,0	15,5	24,1	25,0
3	16,8	16,8	24,8	25,8
4	20,7	19,5	21,0	21,5
5	21,6	23,4	21,2	20,2
Durchschnitt	18,2	18,5	22,1	22,6

Tabelle 4
Rohprotein- und Rohfasergehalt des Heues 1963
(in v. H. der Trockensubstanz)

Umtrieb	Rohproteingehalt		Rohfasergehalt	
	WNE B	WNE C	WNE B	WNE C
1	18,6	16,3	22,2	23,4
2	17,9	15,1	23,6	25,8
3	22,2	20,0	22,7	23,2
4	25,7	22,4	19,5	20,5
Durchschnitt	21,1	18,5	22,0	23,2

Tabelle 5
Rohprotein- und Rohfasergehalt des Heues 1964
(in v. H. der Trockensubstanz)

Umtrieb	Rohproteingehalt		Rohfasergehalt	
	WNE B	WNE C	WNE B	WNE C
1	24,6	25,7	19,9	19,5
2	18,9	17,3	27,0	27,3
3	21,4	21,7	24,6	22,2
4	24,2	21,1	21,6	22,4
5	22,7	23,3	20,2	19,2
Durchschnitt	22,4	21,8	22,7	22,1

Tabelle 6
Rohprotein- und Rohfasergehalt des Heues 1965
(in v. H. der Trockensubstanz)

Umtrieb	Rohproteingehalt		Rohfasergehalt	
	WNE B	WNE C	WNE B	WNE C
1	21,0	21,4	23,2	21,8
2	16,1	16,5	27,8	27,2
3	20,2	17,8	24,5	23,5
4	21,1	20,2	21,4	21,1
Durchschnitt	19,6	19,0	24,2	23,4

für liegt darin, daß eine direkte Beeinflussung der Inhaltsstoffe des Weidefutters durch das Wasser nicht stattfindet. Die relativ größten Differenzen ergaben sich bei Rohprotein und Rohfaser. Während der prozentische Rohproteingehalt des beregneten Futters im Durchschnitt aller Jahre ein wenig niedriger lag, erreichte der Rohfasergehalt in den ersten beiden Versuchsjahren etwas höhere, in den letzten etwas niedrigere Werte. Auch im Mineralstoffgehalt sind zwischen dem beregneten und dem nicht beregneten Futter keine nennenswerten Unterschiede gefunden worden. Eine besondere Erhöhung des Kaligehaltes durch die Beregnung, die HOHMANN (1955) und SCHÜTZHOLD, KIESSLING, BECKHOFF (1961) beschrieben, konnte nicht ermittelt werden. Im Durchschnitt der Jahre wurde im beregneten Futter ein Kaliumgehalt von 3,2 v. H. und im nicht beregneten ein solcher von 3,1 v. H. festgestellt.

4.3. Weideleistung

Die Untersuchungen über die Wirkung der Klarwasserberegnung auf den Weideertrag und auf die Inhaltsstoffe zu beschränken, genügt nicht. Aus diesem Grunde ist der Einfluß der Beregnung auf die tierischen Leistungen berücksichtigt worden. Die tierischen Einzelleistungen waren auf der beregneten Weidenutzungseinheit schlechter. Im Mittel aller Versuchsjahre erreichten wir je Tier und Tag einen Fleischzuwachs von 679 g, während ein Tier auf der WNE B 705 g zunahm. Dementsprechend ergab sich auch eine geringere Lebendmassezunahme während der gesamten Weidezeit, deren Durchschnitt für die WNE C mit 113 kg und für die WNE B mit 118 kg errechnet wurde. Diese geringen Unterschiede ergeben sich aus dem genetisch heterogenen Tiermaterial beider Versuchsgruppen.

Die durch Umrechnung auf einen Hektar Weidefläche ermittelten tierischen Zunahmen sind auf die Wirkung der Beregnung zurückzuführen. Im Durchschnitt der Versuchsjahre betragen sie 830 kg Lebendmasse auf der beregneten Weidenutzungseinheit und 781 kg auf der nicht beregneten.

Bei der Ermittlung der Kilo-Stärkeeinheiten konnten im Durchschnitt der vier Versuchsjahre auf der WNE C 4708 kStE/ha mit Schwankungen von 84 v. H.

Tabelle 7
Weideleistung in kStE/ha

Jahr	Umtrieb	WNE A	WNE B	WNE C
1962	1	864,67	1274,60	1417,06
	2	814,09	1145,02	1108,91
	3	857,98	1227,86	1098,38
	4	437,86	761,91	684,50
	5	141,38	109,46	100,90
	Summe	3115,98	4518,85	4409,75
1963	1	802,17	1247,22	1543,87
	2	515,13	533,34	1044,13
	3	334,60	372,73	888,32
	4	435,68	533,08	473,16
	Summe	2087,58	2686,37	3949,48
1964	1	648,21	1486,61	1315,71
	2	1176,33	1662,41	1652,11
	3	644,95	656,09	932,61
	4	540,83	1011,67	1167,26
	5	− 5,56	20,74	135,33
	Summe	3004,76	4837,52	5203,02
1965	1	1076,11	1930,94	2134,31
	2	740,00	1086,14	1131,47
	3	808,02	1241,99	1323,82
	4	381,19	485,20	680,49
	Summe	3005,32	4744,27	5270,09
Mittel 1962−1965		2803,40	4196,70	4708,00

im Jahre 1963 und 112 v. H. im Jahre 1965 und auf der WNE B 4197 kStE/ha mit Schwankungen von 64 v. H. 1963 und 115 v. H. im Jahre 1964 erreicht werden (Tab. 7). Aus der Gegenüberstellung ergab sich eine Differenz von 511 kStE/ha, die als Beregnungserfolg gewertet werden kann.

Obwohl im Jahre 1962 Mehrerträge an Grün- und Trockenmasse auf der beregneten WNE festgestellt wurden, sank die Weideleistung unter die der WNE B. Die relativ geringe Zunahme je Weidetier und der verhältnismäßig hohe Verbrauch an Aufwuchstrockenmasse je Kilogramm Lebendmassezunahme waren die Ursachen dafür.

Im Jahre 1963 wurden auf der nicht beregneten Weide nur 2686 kStE/ha erzielt. Mit Hilfe der Beregnung erfolgte in diesem Jahre eine Minderung des Ertragsrisikos und gleichzeitig die Sicherung einer fast durchschnittlich hohen Weideleistung. Diese große Überlegenheit der beregneten WNE konnte nur einmal in den vier Versuchsjahren nachgewiesen werden.

Die Besatzstärke lag 1963 auf der WNE C bei 4,5 GV/ha und auf der WNE B bei 2,8 GV/ha. Im Durchschnitt der Versuchsjahre konnten auf der WNE C nur 0,7 GV/ha mehr Vieh ernährt werden.

Für die Versuchsjahre 1964 und 1965 ergaben sich auf der beregneten WNE über 5200 kStE, aber auch auf der nicht beregneten WNE waren die Leistungen mit 4744 kStE/ha (1965) und 4837 kStE/ha (1964) sehr gut. Durch die Beregnung wurden im Jahre 1964 365 kStE/ha mehr erzeugt. Im Jahre 1965 betrugen die Mehrleistungen 526 kStE/ha, obwohl nur bei Grünmasse Mehrerträge festgestellt wurden.

4.4. Botanische Zusammensetzung des Pflanzenbestandes

Um den Einfluß der Beregnung auf die Zusammensetzung des Pflanzenbestandes zu prüfen, wurden die jährlichen Pflanzenbestandsveränderungen nach der Ertragsanteilschätzung erfaßt. Bei Versuchsbeginn war kein grundlegender Unterschied in der botanischen Zusammensetzung der Pflanzenbestände zwischen den WNE B und C festzustellen. Hauptbestandsbildner waren *Lolium perenne*, *Festuca pratensis*, *Poa pratensis* und *Phleum pratense*. Im Jahre 1962 betrug der Anteil der Gräser auf der WNE B 100 v. H. Der Klee fehlte. Der Anteil an *Lolium perenne* machte 55 v. H., an *Festuca pratensis* 12 v. H., *Phleum pratense* 5 v. H., *Poa pratensis* 18 v. H. und an *Alopecurus pratensis* 6 v. H. aus. Der Pflanzenbestand veränderte sich in den vier Versuchsjahren zugunsten von *Poa pratensis* und *Agropyron repens*, die bis zu 30 v. H. bzw. 14 v. H. am Ertrag beteiligt waren. *Lolium perenne* ging auf 32 v. H. zurück (Abb. 6).

Auf der WNE C waren die Gräser zu 97 v. H., der Klee zu 2 v. H. und die Kräuter zu 1 v. H. am Ertrag beteiligt (Abb. 7). *Lolium perenne* und *Festuca pratensis* verringerten sich von 35 bzw. 31 v. H. auf 23 bzw. 15 v. H., während sich *Poa pratensis* von 13 auf 27 v. H. ausdehnte. Bemerkenswert ist, daß von 1962 bis 1965 der Kräuteranteil von 1 auf 13 v. H. anstieg. Der prozentuale Anteil der Kräuter wurde ausschließlich von *Taraxacum officinale* bestimmt. Dieses

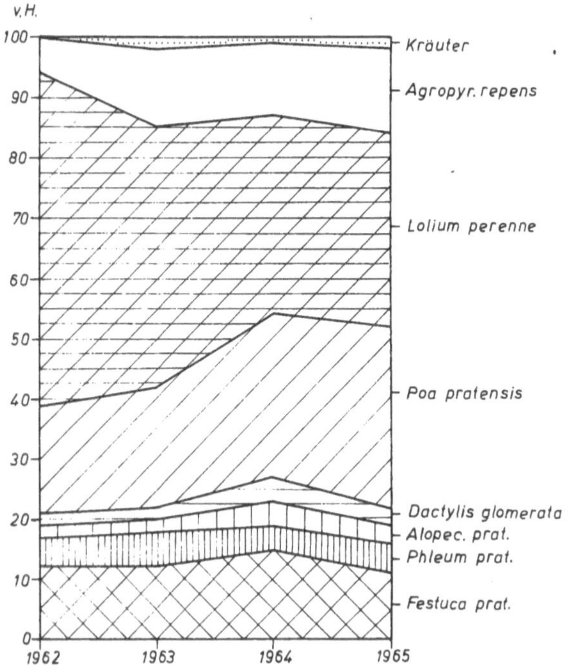

Abb. 6: Pflanzenbestände 1962—1965 WNE B

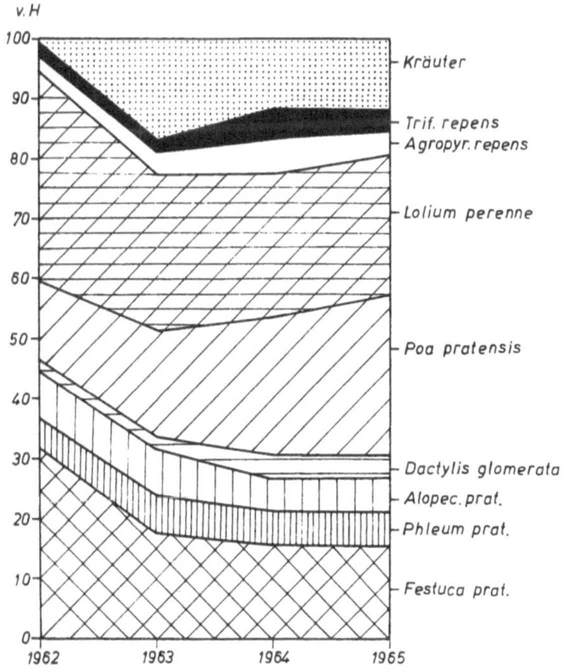

Abb. 7: Pflanzenbestände 1962—1965 WNE C

Kraut blühte auf der Versuchsweide von Mai bis Oktober. Die Hauptblütezeit lag im Mai bis Juli. Die reifen Früchte wurden durch die einzelnen Regengaben abgeschlagen. Die Samen fanden besonders auf intensiv abgefressenen Stellen die Voraussetzung für eine schnelle Keimung. So war auf der WNE C eine Vermehrung von *Taraxacum officinale* während der ganzen Vegetationsperiode möglich. Einer Ausbreitung auf die anderen Weidenutzungseinheiten waren durch die Beregnung Grenzen gesetzt.

4.5. Weiderückstände

Nicht unerwähnt soll der Einfluß der Beregnung auf den Weiderest bleiben. Werden der durchschnittliche Trockenmasseertrag je Hektar und der durchschnittliche Weiderest aus den vier Versuchsjahren zugrunde gelegt, so beträgt der Weiderückstand der WNE B 12,9 v. H. und der der WNE C 10,2 v. H. Die Beregnung führt infolge der Verwaschung der Harn- und Kotgeilstellen zu einer Verringerung des Weiderestes um 2,7 v. H. der Trockenmasse. Pollack (1965) ermittelte in den Jahren 1959 bis 1961 auf der WNE B einen Weiderest von fast 9 v. H.

4.6. Wirtschaftlichkeit der Weideberegnung

Abschließend soll versucht werden, die Wirtschaftlichkeit der Weideberegnung zu berechnen, denn ohne betriebswirtschaftliche Überlegungen bleiben pflanzenbauliche Betrachtungen unvollkommen. Die Rentabilität der Weideberegnung festzustellen, ist schwierig, weil die im Vordergrund stehende Steigerung des Ertrages allein nicht die Höhe der Rentabilität darstellen kann. Mit der Bezugsbasis Gras, Heu oder tierisches Produkt sind noch nicht alle Faktoren der Wirtschaftlichkeitsberechnung erfaßt. Unberücksichtigt bleiben der verringerte Flächenbedarf durch die Ertragssteigerung und der damit verbundene höhere Viehbesatz je Flächeneinheit. Eine nicht geringe Bedeutung kommt der Beregnung dadurch zu, daß das Risiko eines Ertragsabfalles durch eine weitgehende Unabhängigkeit von Menge und Verteilung der atmosphärischen Niederschläge gemindert wird. Bei länger anhaltenden Trockenperioden während des Sommers bietet die Beregnung eine Möglichkeit, das Weidevieh mit ausreichend Futter zu versorgen. Darüber hinaus kann die Futterwirtschaft bis in den Winter hinein beeinflußt werden. Der Beregnung von Flußauengrünland kommt insofern eine Bedeutung zu, indem vorrangig die Ertragssicherheit bewertet werden muß. Rinderzuchtbetriebe legen auf ein ständig leistungsfähiges Grünland Wert, um die Muttertierleistungen der zum Verkauf bestimmten Bullen und Färsen nicht absinken zu lassen. Auch eine hohe Kostenbelastung des Weidegrases hat in solchen Fällen nur untergeordnete Bedeutung, denn sie kann durch die erzielbaren Mehreinnahmen aus dem Verkauf von Zuchttieren aufgefangen werden. Die Einführung der Weideberegnung ruft somit betriebswirtschaftliche Veränderungen hervor, die z. T. nicht ohne weiteres in Zahlen ausgedrückt werden können.

Häufig wird die Wirtschaftlichkeit der Weideberegnung aus den Gras- oder Heumehrerträgen zu errechnen versucht. Weidegras ist jedoch nicht als Handelsprodukt anzusehen. Die Bestimmung seines Geldwertes ist nach wie vor problematisch, obwohl dieser mit 3.— M je Dezitonne in den volkseigenen Gütern zur innerbetrieblichen Verrechnung festgelegt worden ist. Ähnlich liegen die Verhältnisse beim Heu, das mit einem Verrechnungspreis von 15.— M je Dezitonne eingestuft wurde. Nach SCHWARZ (1965) ist mit dem Verrechnungspreis von 3.— M/dt Grünmasse unter Berücksichtigung der Bewässerung von Futterpflanzen noch keine reale Bewertungsgrundlage gefunden worden.

Vorteilhafter scheint es zu sein, Tierprodukte als Bezugsbasis zugrunde zu legen, da Fleisch und Milch realisierbare Warenprodukte darstellen. Diese Methode läßt dem praktischen Landwirt die Grenze der Wirtschaftlichkeit der Weideberegnung offenkundiger werden.

Der Durchschnitt eines Versuchsjahres ergab die folgenden Zahlen. Mit 225 mm wurde ein durchschnittlicher Mehrertrag an Gras von 100 dt/ha erzielt. Der Mehrertrag entsprach einem Verrechnungspreis von 300.— M/ha. Die Verregnung von 1 mm Klarwasser dürfte bei Kostenausgleich den Preis von 1,27 M nicht übersteigen. Auch die Erlöse aus dem durchschnittlichen jährlichen Fleischzuwachs konnten die Beregnungskosten nicht decken. Es wurden nur 49 kg Fleisch/ha mehr erzeugt. Bei Zugrundelegung eines Preises von 575.— M je 100 kg Fleisch (Zuchtviehpreis bis 31. 12. 1965, Bewertungspreis für VEG) entstand ein Geldwert von rund 282.— M/ha. Nach Umrechnung dürfte 1 mm Klarwasser in diesem Falle 1,25 M kosten. Für diese Preise konnte auch in früheren Jahren kein Betrieb rentabel beregnen, da nach BROUWER (1952), KLATT (1958) und PAASCH (1956) die Kosten für die Verregnung von 1 mm Klarwasser 2.— M betrugen. Die Beregnungskosten von 2.— M je Millimeter und Hektar werden heute allgemein wegen der höheren Löhne und Anschaffungspreise für Beregnungsanlagen als überholt angesehen. Nach FÖRKEL und SCHIRACH (1965) betragen die Kosten bei der vollbeweglichen Beregnungsanlage in Abhängigkeit von der Auslastung 3,68···4,24 M/mm ha. Innerhalb der vier Versuchsjahre brachte die Beregnung weder bei Berücksichtigung der nach FÖRKEL und SCHIRACH (1965) ermittelten noch bei Zugrundelegung der jetzt als überholt geltenden Kosten von BROUWER (1952), KLATT (1958) und PAASCH (1956) einen Gewinn.

Es muß betont werden, daß die Beregnung auf dem Grünland die letzte Intensivierungsmaßnahme sein soll. Eine Beregnungsanlage darf erst eingesetzt werden, wenn Düngung und Pflege sowie Ernte- und Konservierungsmethoden bei Mähweidenutzung einen hohen Stand erreicht haben. Unter welchen Bedingungen der Weideberegnung größere Bedeutung zukommen wird, kann zur Zeit nicht gesagt werden. Trotzdem wäre es verfehlt, die Weideberegnung mit Klarwasser generell als bedeutungslos anzusehen. Bessere Voraussetzungen für ihre Wirtschaftlichkeit können jedoch nur von Industrie und Arbeitstechnik geschaffen werden.

Zusammenfassung

In den Jahren von 1962 bis 1965 wurde auf einem speziellen Flußauenstandort mit durchschnittlich 74 v. H. abschlämmbaren Teilchen die Wirkung der Klarwasserberegnung in einem Parallelweideversuch untersucht. Die Höhe der jährlichen Düngermenge betrug 200 kg N/ha, 61 kg P/ha (140 kg P_2O_5) und 166 kg k/ha (200 kg K_2O). Im Durchschnitt der Versuchsjahre wurden mit 225 mm Zusatzwasser 476 dt Gras und ohne Beregnung 376 dt/ha erzeugt. Die Trockenmasseerträge der beregneten Weidenutzungseinheit konnten um 11.6 dt/ha gesteigert werden. Die im Mittel der Jahre für die beregnete Weidenutzungseinheit errechnete Weideleistung lag bei 4708 kStE/ha. Sie übertraf den Wert der nicht beregneten Weidenutzungseinheit um 511 kStE/ha. Entsprechend dem vermehrten Pflanzenwuchs erhöhte die Beregnung die Besatzstärke um 0,7 GV/ha. Die Unterschiede im Gehalt an Inhaltsstoffen zwischen dem beregneten und nicht beregneten Futter waren gering. Die Beregnung bedingt eine Pflanzenbestandsumschichtung. Trotz der hohen Stickstoffdüngung kam *Trifolium repens* in geringen Ertragsanteilen vor. Sehr stark verbreitete sich *Taraxacum officinale.* Die Klarwasserberegnung war auf diesem Standort nicht wirtschaftlich.

Резюме

Название работы: „Эффективность дождевания чистой водой для повышения урожайности и устойчивости урожаев пастбищ в Альтмеркише Више при применении азотных удобрений“

С 1962 г. по 1965 г. на специальном месте поймы, почва которого имела в среднем 74% отмываемых частиц, изучали в пастбищном опыте эффективность дождевания чистой водой. Годовая норма удобрений — 200 кг/га N, 61 кг/га P, (140 кг P_2O_5) и 166 кг/га K (200 кг K_2O). Среднегодовой урожай за период опыта в результате дождевания чистой водой в количестве 225 мм — 476 ц/га травы, без дождевания — 376 ц/га. Урожаи сухой массы орошаемых единиц пастбищного использования повысились на 11,6 ц/га. Исчисленная среднегодовая продуктивность орошаемой единицы пастбищного использования равнялась 4708 кг/га крахмальных единиц. Она превысила показатель неорошаемой единицы пастбищного использования на 511 кг/га крахмальных единиц. С усиленным — вследствие дождевания — разрастанием растений увеличилось количество животных на единицу площади на 0,7 условных единиц кр. рог. скота. Разности по содержанию веществ, входящих в состав орошаемого и неорошаемого корма, были незначительны. Дождевание изменяет травостой. Несмотря на высокую норму азотного удобрения удельный вес *Trifolium repens* в урожае не был высок. Очень сильное распространение получил *Taraxacum officinale.* На данном месте дождевание чистой водой оказалось нерентабельным.

Summary

Title of the paper: The effect of clean-water sprinkling on yield capacity and yield security of permanent pastures in the Altmark „Wische" under conditions of nitrogen fertilization

Between 1962 and 1965, the effect of clean-water sprinkling was investigated in a parallel pasture trial laid out on a particular riverside location with an average of 74 per cent decantable soil particles. Annual fertilizer applications were 200 kg N/ha, 61 kg P/ha (140 kg P_2O_5), and 166 kg K/ha (200 kg K_2O). Over the experimental period an annual average of 476 decitons grass was produced when sprinkling 225 mm, whilst, without sprinkling irrigation, 376 dt/ha were obtained. Dry-matter yields of the sprinkled pasture units were 11.6 dt/ha higher. The annual mean pasture yield calculated over the entire test period amounted to 4,708 kg starch equivalent/ha being 511 kg starch equivalent/ha higher than that of the non-sprinkled pasture. On account of the stronger plant growth, sprinkling improved the stocking rate by 0.7 livestock units per hectare. Differences in the content of constituents between the sprinkled and non-sprinkled forage were slight. Sprinkling caused a reshuffling of the species composition of the stand. Despite high nitrogen rates *Trifolium repens* did not account but for minor yield proportions. *Taraxacum officinale* had a very strong propagation. Clean-water sprinkling did not prove profitable on that particular site.

Literatur

ACHTNICH, W.: Die Feststellung des Wasserbedarfes als Voraussetzung eines sinnvollen Einsatzes der Beregnung. Perrot-Bibliothek, H. 3, (1957) S. 5–16

BAUMANN, H.; KREIL, W.: Die Weideberegnung. DDL H. 5, (1954), S. 496–500

BECKHOFF, J.: Lohnt die Beregnung von Dauergrünland? Der Tierzüchter 1963, Sonderdruck aus H. 19.

BORCHARDT, H.: Untersuchung über die Feldberegnung auf Dauerweiden unter besonderer Berücksichtigung des schweren Bodens. Diss. Berlin 1931.

BROUWER, W.: Grünlandberegnung mit größtem betriebswirtschaftlichen Nutzen. Mitt. d. DLG 67, (1952), S. 242–243

BROUWER, W.: Die Feldberegnung. DLG-Verl. Frankfurt/Main 1958.

CZERATZKI, W.; KORTE, W.: Die Beregnung der Zuckerrübe nach der Bodenfeuchte. Sonderdr. Z. „Zucker" 14, H. 10, (1961), S. 244–249

DÖRTER, K.: Die Wirkung der Klarwasserberegnung auf den Ertrag von Intensivweiden der Altmärker Wische. Z. WTF Feldwirtschaft 6, (1965), S. 265–266

FÖRKEL, H.; SCHIRACH, F.: Ökonomische Betrachtungen zum Einsatz der Beregnung. Z. f. Landeskultur H. 4, (1965), S. 305–320

HOHMANN, W.: Untersuchungen über den Einfluß der Beregnung auf die Menge und Güte von Grünlanderträgen. Z. f. Acker- u. Pflanzenbau 99, (1955), S. 207–238

JONES, A. B.; WAKELAND, H. L.: Supplemental Irrigation of Pastures. Agricultural Engineering (1955), p. 181–184

KLATT, F.: Technik und Anwendung der Feldberegnung. Berlin 1958.

KUHNKE, A.: Die Abhängigkeit des Pflanzenertrages von der Wasserverdunstung. Schriften d. Kgl. Gelehrt. Ges. Naturwiss. Kl. H. 4, (1936), S. 60–158

LEIPNITZ, W.: Steigerung der Ertragsfähigkeit und Ertragssicherheit von Dauerweiden in der Altmärkischen Wische durch den Einsatz von Stickstoffdünger und Klarwasserberegnung. Abschlußbericht 1966

LEVINE, G.; KENNEDY, K. W.; GRAY, H. E.: Irrigation of Pastures. Agricultural Engineering (1955), p. 471–473

MYHR, E.: Forsøk med vatning og nitrogengjødsling til kulturbeite (Beregnungsversuch mit Stickstoffdüngung auf Umtriebsweiden). Forskning og Forsøk i Landbruket 15, (1964), S. 187–196

PAASCH, W.: Bewirtschaftung, Leistungen und Kosten von Weiden in mitteldeutschen Großbetrieben. Wiss. Z. Univ. Halle H. 6, (1956), S. 1199–1216

POLLACK, P.: Untersuchungen über die Ertragsleistung, über die Inhaltsstoffe des Aufwuchses und über die Entwicklung des Pflanzenbestandes auf speziellen Grünlandflächen in der Altmärkischen Wische in Abhängigkeit von verschiedenen Nährstoffgaben. Sonderdruck aus Kühn-Archiv 79, (1965), H. 1.

SCHÜTZHOLD, G.; KIESSLING, J.; BECKHOFF, J.: Die Auswirkung der künstlichen Beregnung auf Dauerweiden am Niederrhein. Z. f. Acker- u. Pflanzenbau 112, (1961), S. 197–221

SCHWARZ, K.: Pflanzenbauliche, technische und ökonomische Beurteilungsgrundlagen für eine rationelle Eingliederung der Feldberegnung in den Intensivierungsprozeß. Sitzungsber. der DAL: Probleme der Bewässerung in der DDR 14, H. 11, (1965)

VOIGTLÄNDER, G.: Der Wachstumsverlauf auf Weiden und Mähweiden und Möglichkeiten seiner Beeinflussung. Landbauforschung Völkenrode H. 1, (1963), S. 21–28

Anschrift des Verfassers:
Dipl. Landwirt W. LEIPNITZ
402 Halle/S.
Große Ulrichstr. 6–8

Z. Landeskultur · Bd. 11 · 1970 · Heft 1 · S. 45–56 · Berlin

Institut für Grünland- und Moorforschung Paulinenaue, Zweigstelle Thüringen,
der Deutschen Akademie der Landwirtschaftswissenschaften zu Berlin

H. FALKE; G. SCHMAUDER

5jährige Ergebnisse über N-Steigerungsversuche auf drei Weidestandorten in Thüringen

Eingegangen am 19. 2. 1969

Zur Erforschung der optimalen N-Düngung auf Grasland wurden auf verschiedenen Grünlandstandorten der DDR N-Steigerungsversuche angelegt. KREIL u. a. (1961, 1964, 1967) veröffentlichten Ergebnisse von Niedermoor- und Talsandweiden. Aus Thüringen liegen jetzt mehrjährige Untersuchungsergebnisse (1964–1968) von je einem Flußaue-, Vorgebirgs- und Mittelgebirgsstandort vor, über die nachfolgend berichtet wird.

1. Versuchsbeschreibung

1.1. Methodik

Bei einer unterschiedlichen PK-Düngung von

31,4 kg P/ha und 74,7 kg K/ha bzw.
62,8 kg P/ha und 149,4 kg K/ha

kamen folgende N-Mengen zur Anwendung:

Variante	1	2	3	4	5	6
kg N/ha	0	80	160	240	320	480

Der Stickstoff wurde als Kalkammonsalpeter gegeben und 1964–1966 in vier, 1967–1968 in zwei (zur 1. und 3. Nutzung) gleich großen Teilgaben ausgebracht. Auf dem Mittelgebirgsstandort Neustadt stellte sich nach dem ersten Versuchsjahr heraus, daß nur mit drei Aufwüchsen zu rechnen ist. Deshalb wurde 1965 und 1966 der Stickstoff in drei Teilgaben gestreut.
Die Parzellengröße betrug 30 m², die Probemahdfläche 4 × 2 m². Bestimmte Nachwuchszeiten zwischen den Nutzungen wurden nicht eingehalten. Auf der Aue- und Vorgebirgsweide erfolgten jährlich vier bis fünf, auf der Mittelgebirgsweide drei Nutzungen. Das gewachsene Futter wurde von Rindern abgeweidet, 1967 und 1968 der erste Aufwuchs gemäht.

1.2. Versuchsstandorte

Zur Charakterisierung der Versuchsstandorte sind in Tabelle 1 die wichtigsten Angaben zusammengestellt.

Tabelle 1

	Versuchsstandorte		
	Etzelbach	Lobenstein	Neustadt/Rennsteig
Höhe über NN	178 m	516 m	760 m
Jahresniederschläge	536 mm	755 mm	1036 mm
April–September	354 mm	410 mm	518 mm
Mittlere Jahrestemperatur	8,1 °C	6,4 °C	5,2 °C
April–September	13,7 °C	12,0 °C	10,4 °C
Oberfläche	eben	8° West	5° Südwest
Lage	Mittlere Saaleaue	Ostthür. Schiefergebirge	Kammlage Thür. Wald
Boden	sL	sL-steinreich	L-steinig, flachgründig
Grundwasserstand	etwa 1,2 m	ohne	ohne
pH-Wert (n/10 KCL) und Gehalt an mg P_2O_5 und K_2O in 100 g Feinboden, 0–5 cm Tiefe			
pH	6,1	5,2	5,1
P_2O_5	7,0	9,5	7,3
K_2O	9,0	14,5	37,8

2. Witterung

Das erste Versuchsjahr war in der Vegetationsperiode auf allen drei Standorten sehr trocken. Es fehlten an der Niederschlagsnorm in Etzelbach 103, Lobenstein 113 und in Neustadt 206 mm. Länger anhaltende Hitzeperioden hemmten den Futterwuchs deutlich.

Auch 1965 lagen in Etzelbach und Lobenstein die Niederschläge von April bis September noch unter dem langjährigen Mittel. Ihre Verteilung war jedoch günstiger. In Neustadt war die Niederschlagshöhe etwa normal. Die Temperaturen blieben unter der Norm.

1966 fielen in Etzelbach normale Niederschläge, in Lobenstein lagen sie 78 mm unter und in Neustadt 218 mm über der Norm. In Etzelbach und Lobenstein war der Sommer warm und ohne Trockenperioden. In Neustadt waren die Monate Juni, Juli und August sehr feucht und kühl.

Die Vegetationsperiode des Jahres 1967 brachte für Etzelbach ein Niederschlagsdefizit von 47 mm. In Lobenstein fielen 45 mm über der Norm und in Neustadt wurde der Mittelwert erreicht. Die Temperaturen schwankten um den Mittelwert.

1968 fielen bei normalen Durchschnittstemperaturen auf allen Standorten überdurchschnittliche Niederschläge bei ungünstiger Verteilung. Im Mai, Juni und Juli war es zeitweilig trocken, während im August und September starke Gewitter hohe Niederschläge brachten.

Insgesamt war im Untersuchungszeitraum der Witterungsverlauf durch trockene, normale und feuchte Vegetationsperioden gekennzeichnet, so daß die ermittelten Erträge repräsentativ sind für das Leistungsvermögen der genannten Standorte.

3. Ergebnisse

3.1. Jahreserträge bei einer Grunddüngung von 31,4 kg P/ha und 74,7 kg K/ha

Die Trockenmasseerträge der einzelnen Jahre sowie das 5-jährige Mittel sind in Tabelle 2 zusammengefaßt. Zwischen den Standorten gibt es im Verlauf der

Tabelle 2
Trockenmasseerträge in dt/ha bei 31,4 kg/ha P, 74,7 kg/ha K

Standort	Jahr	kg N/ha						
		0	80	160	240	320	480	Mittel
Etzelbach	1964	53,3	60,0	68,5	75,3	81,7	91,3	71,7
	1965	76,6	85,3	106,3	113,7	125,1	133,0	106,7
	1966	69,1	78,3	96,3	107,2	106,0	116,3	95,5
	1967	65,0	81,2	91,3	101,8	108,4	110,8	93,1
	1968	68,4	71,8	74,1	79,2	86,5	91,1	78,5
Mittel 1964–1968		66,5	75,3	87,3	95,4	101,5	108,5	89,1
relativ		100	113	131	143	153	163	
GD 5% = 7,9 dt/ha = rel. 12. GD 1% = 10,8 dt/ha = rel. 16.								
Lobenstein	1964	54,4	67,0	72,1	80,0	83,4	88,4	74,2
	1965	79,3	86,3	96,2	97,4	97,6	99,3	92,7
	1966	81,4	91,5	94,3	103,6	105,1	119,0	99,2
	1967	64,1	77,0	84,6	87,8	93,8	92,2	83,3
	1968	76,6	85,3	89,4	92,7	95,1	101,2	90,1
Mittel 1964–1968		71,2	81,4	87,3	92,3	95,0	100,0	87,9
relativ		100	114	123	130	134	140	
GD 5% = 3,7 dt/ha = rel. 5. GD 1% = 5,0 dt/ha = rel. 7.								
Neustadt	1964 *	26,5	42,3	50,7	58,5	61,6	67,8	51,2
	1965	31,1	61,2	68,5	82,3	86,7	77,5	67,9
	1966	50,5	58,0	70,2	75,1	81,5	71,2	67,8
	1967	44,4	60,4	66,5	76,9	77,3	75,6	66,9
	1968	61,4	75,1	79,4	86,6	89,5	73,9	77,7
Mittel 1965–1968		46,9	63,7	71,2	80,2	83,8	74,6	70,1
relativ		100	136	152	171	179	159	
GD 5% = 10,4 dt/ha = rel. 21. GD 1% = 14,5 dt/ha = rel. 30.								

* Infolge Ausfall einer Nutzung wurden nur 3/4 der vorgesehenen N-Menge ausgebracht.

Ertragskurven keine grundsätzlichen Unterschiede. Witterungsbedingt liegen jedoch die Jahreserträge auf einem sehr unterschiedlichen Niveau.
480 kg N/ha bringen in Etzelbach und Lobenstein noch einen Ertragsanstieg, in Neustadt eine Ertragsdepression.
In Etzelbach steigen im 5jährigen Mittel die Erträge von 0 bis 240 kg N/ha stärker als von 240 bis 480 kg N/ha. Insgesamt wird der Ertrag von 66,5 dt/ha auf 108,5 dt/ha Trockenmasse, gleich 163%, erhöht.
In Lobenstein reicht der stärkere Ertragsanstieg von 0 bis 160 kg N/ha und nimmt bereits von 160 bis 480 kg N/ha wieder ab. Im gesamten Steigerungsbereich wird der Ertrag von 71,2 dt/ha auf 100,0 dt/ha Trockenmasse, das sind

140%, erhöht. Die geringe Ertragssteigerung ist besonders auf den hohen Ertrag der Null-Variante zurückzuführen. Er liegt deshalb so hoch, weil vor der Versuchsanlage die Fläche intensiv gedüngt und genutzt wurde.

Die größte Ertragssteigerung trat in Neustadt ein. Von 0 bis 320 kg N/ha wird der Ertrag auf 179% erhöht. 480 kg N/ha führen zu einem deutlichen Ertragsrückgang.

Die sehr gute N-Wirkung in Neustadt ist auf den relativ niedrigen Ertrag der Null-Variante zurückzuführen. Die Narbe war vor der Versuchsanlage vernachlässigt und setzte sich hauptsächlich aus minderwertigen Gräsern zusammen (Tab. 8).

Die statistische Verrechnung der Werte ergab mit Ausnahme der Variante 80 kg pro ha N in Etzelbach gut gesicherte Ertragserhöhungen zur Bezugsbasis und zum Teil gesicherte Differenzen zwischen den N-Stufen.

Die ermittelten Erträge zeigen deutlich das unterschiedliche Leistungspotential der Standorte. Wie erwartet, brachte die Flußaueweide bei gleicher Düngung die höchsten Erträge. Da dieser Standort besonders bewässerungswürdig und -dankbar ist, lassen sich die Erträge durch Beregnung durchaus auf 130 dt/ha Trockenmasse und mehr steigern.

Die Erträge des Vorgebirgsstandortes sind ebenfalls gut. Bei N-Gaben bis zu 160 kg/ha halten sie mit denen des Auestandortes Schritt. Bei höheren Gaben ist die Aueweide überlegen. Trockenmasseerträge von etwa 100 dt/ha sind auch auf dem Vorgebirgsstandort möglich, womit aber die Leistungsgrenze des Standortes erreicht sein dürfte.

Die Erträge der Mittelgebirgsweide lagen im Mittel von 0 bis 320 kg N/ha um 22% unter dem Ertrag des Auestandortes.

Wegen des niedrigen Ertragsniveaus der Null-Variante war hier der Effekt der N-Wirkung von allen Standorten am größten. Mit steigendem Ertrag auf den Null-Parzellen im Untersuchungszeitraum ging aber die N-Wirkung zurück, welche auf den beiden anderen Weiden mit zunehmender Versuchsdauer etwa gleich blieb.

3.2. Erzeugungswerte in kg Trockenmasse je kg N

Die Erzeugungswerte der jeweiligen Stickstoffzulage bis 240 kg N/ha liegen auf dem Aue- und Vorgebirgsstandort auffallend niedrig (Tab. 3).

Erst bei 320 und 480 kg N/ha stimmen die Befunde mit anderen Arbeiten überein (KREIL u. a., 1964, 1968). Die niedrigen Erzeugungswerte sind aus dem relativ hohen Ertrag der Null-Varianten zu erklären. Bei hohem Ertragsniveau dieser Varianten werden durch N-Gaben die Erträge nicht so stark angehoben, wie auf Flächen, die dieses Niveau noch nicht erreicht haben. Das zeigen die Werte von Neustadt, die bei Gaben bis 240 kg N/ha immer höher liegen, als auf den wesentlich günstigeren Standorten Etzelbach und Lobenstein. Im Untersuchungszeitraum konnte in Neustadt durch die jährliche PK-Düngung auch das Ertragsniveau der Null-Variante erhöht werden, wodurch die Erzeugungswerte in den einzelnen Steigerungsstufen zurückgingen. So lag z. B. im Bereich

Tabelle 3
Erzeugungswert in kg Trockenmasse je kg N im Mittel der Jahre

Standort	kg N/ha				
	80	160	240	320	480
Erzeugungswert der gesamten N-Gabe in kg Trockenmasse je kg N:					
Etzelbach	11,0	13,0	12,0	10,9	8,8
Lobenstein	12,8	10,1	8,8	7,4	6,0
Neustadt	21,0	15,2	13,9	11,5	5,8
Erzeugungswert der jeweiligen Stickstoffzulage in kg Trockenmasse je kg N:					
Etzelbach	11,0	15,0	10,1	7,6	4,4
Lobenstein	12,8	7,4	6,3	3,4	3,1
Neustadt	21,0	9,4	11,3	4,5	−5,8

0 bis 80 kg N/ha der Erzeugungswert 1965 bei 37,6 kg und 1968 nur noch bei 17,1 kg Trockenmasse je kg N.
Es wäre noch zu erwähnen, daß in Lobenstein im Rahmen eines Großversuches im Bereich 160 bis 240 kg N/ha die Erzeugungswerte in kg Trockenmasse je kg N etwa doppelt so hoch lagen (Falke u. Schmauder, 1969).

3.3. Mehrerträge an Trockenmasse durch Erhöhung der PK-Düngung auf 62,8 kg P/ha und 149,4 kg K/ha

Auf die Bedeutung einer entsprechenden PK-Düngung bei starker Stickstoffdüngung hat u. a. Kaltofen (1967) hingewiesen. In unseren Untersuchungen konnte der Ertrag bei allen Versuchsgliedern durch stärkere PK-Düngung erhöht werden, was aus Tabelle 4 zu ersehen ist.

Tabelle 4
Mehrerträge in dt/ha Trockenmasse durch stärkere PK-Düngung im Mittel der Jahre

Standort	kg N/ha						
	0	80	160	240	320	480	Mittel
Etzelbach	+1,4	+5,5	+2,9	+7,7	+7,0	+5,6	+4,4
Lobenstein	+3,6	+2,7	+0,5	+5,0	+4,4	+5,5	+3,5
Neustadt	+3,0	+2,6	+5,7	+2,5	+4,6	+7,1	+4,2

Die Ertragssteigerung war bei 240, 320 und 480 kg N/ha am höchsten, in Neustadt schon ab 160 kg/ha N.
Aus dem ermittelten jährlichen Entzug an P und K (Tab. 5) ist zu ersehen, daß die Pflanzen mehr Kali verbrauchten als gedüngt wurde, und daß die Höhe des Entzuges im allgemeinen mit der N-Gabe wächst. Die Relation zwischen P-Entzug und N-Düngung ist nicht so deutlich.
Ein Vergleich der Ergebnisse der Bodenuntersuchungen zu Beginn und Ende der Versuchstätigkeit zeigt eine stark rückläufige Tendenz der Kaliwerte, während sich die P-Versorgung des Bodens kaum änderte. Hieraus ergeben sich

Tabelle 5
Jährlicher Entzug an P und K im Mittel der Jahre bei einer Düngung von 31,4 kg P/ha und 74,7 kg K/ha

Standort		kg N/ha					
		0	80	160	240	320	480
Etzelbach	P-Entzug in kg/ha	28	29	33	34	38	40
	K-Entzug in kg/ha	173	161	186	182	204	225
Lobenstein	P-Entzug in kg/ha	30	33	34	35	35	39
	K-Entzug in kg/ha	187	213	226	229	227	223
Neustadt	P-Entzug in kg/ha	18	24	27	28	33	28
	K-Entzug in kg/ha	112	132	167	151	194	144

Konsequenzen für die Grunddüngung bei hohen N-Gaben, worauf auch KALTOFEN (1967) verweist.
Die P- und K-Gehalte in der Trockensubstanz wurden bei allen Versuchsgliedern durch stärkere PK-Düngung erhöht (Tab. 6).

Tabelle 6
P- und K-Gehalte in der Trockensubstanz bei unterschiedlich hohen PK-Gaben und variierten N-Mengen im Mittel der Jahre

Standort			kg N/ha					
			0	80	160	240	320	480
P-Gehalte	Etzelbach	I	0,42	0,39	0,38	0,36	0,37	0,37
		II	0,43	0,43	0,41	0,39	0,40	0,40
	Lobenstein	I	0,42	0,40	0,39	0,38	0,37	0,39
		II	0,43	0,40	0,42	0,40	0,41	0,41
	Neustadt	I	0,38	0,38	0,38	0,35	0,39	0,37
		II	0,40	0,41	0,41	0,40	0,39	0,43
K-Gehalte	Etzelbach	I	2,60	2,14	2,13	1,91	2,01	2,07
		II	2,72	2,51	2,25	2,21	2,34	1,96
	Lobenstein	I	2,63	2,62	2,59	2,48	2,39	2,23
		II	2,97	2,78	2,90	2,61	2,65	2,53
	Neustadt	I	2,39	2,08	2,34	1,88	2,32	1,93
		II	2,72	2,41	2,57	2,20	2,33	2,31
		I	31,4 kg P/ha und 74,7 kg K/ha					
		II	62,8 kg P/ha und 149,4 kg K/ha					

Zwischen den Werten der Standorte sind keine nennenswerten Unterschiede festzustellen. In Etzelbach und Lobenstein zeigen die P-Gehalte mit steigenden N-Gaben fallende Tendenz. Dieser Befund stimmt mit Untersuchungen von KREIL u. a. (1964) überein. In Neustadt reagieren die P-Werte nicht auf die N-Düngung. Hier lag die jährlich gedüngte P-Menge fast immer über dem Entzug (Tab. 5). Insgesamt war auf den Standorten und bei allen Versuchsgliedern der P-Gehalt im Futter ausreichend hoch.

Tabelle 7
Jährliche P- und K-Gehalte in der Trockensubstanz bei unterschiedlich hohen PK-Gaben

	Etzelbach				Lobenstein				Neustadt			
	P		K		P		K		P		K	
	I	II	I	II	I	II	I	II	I	II	I	II
1964	0,37	0,39	2,48	2,58	0,38	0,40	2,82	3,10	0,31	0,33	2,65	2,66
1965	0,42	0,44	2,42	2,62	0,41	0,44	2,18	3,08	0,38	0,39	2,54	2,71
1966	0,41	0,44	1,95	2,15	0,40	0,42	2,36	2,54	0,36	0,38	2,00	2,28
1967	0,37	0,39	2,12	2,32	0,39	0,41	2,32	2,58	0,44	0,48	2,35	2,56
1968	0,36	0,40	1,90	2,07	0,39	0,40	2,32	2,55	0,33	0,37	1,93	2,28

Den K-Gehalt in der Trockenmasse senkten die Stickstoffgaben. Die Werte stimmen mit denen ähnlicher Untersuchungen überein (KREIL u. a., 1961, 1964, 1967). In allen Fällen liegen die Kaligehalte im Futter aber ausreichend hoch.

Wie erwähnt überwog der jährliche K-Entzug die jährlich gedüngte K-Menge (Tab. 5). Das so entstandene Defizit an K im Boden bewirkte mit zunehmender Versuchsdauer ein jährliches Absinken der Gehalte (Tab. 7). Dadurch wird bestätigt, daß der Mehrertrag nach stärkerer PK-Düngung eine Kaliwirkung ist. Der P-Gehalt im Futter fällt nicht mit zunehmender Versuchsdauer. Die aufgetretenen Streuungen dürften witterungsbedingt sein.

Abschließend ist festzuhalten, daß P- und K-Gehalte des Futters auf den Standorten etwa in gleicher Höhe lagen, obwohl in der Zusammensetzung der Pflanzenbestände (Tab. 8) und im Ertrag (Tab. 2) größere Unterschiede bestanden.

Tabelle 8
Ertragsanteile der wichtigsten Arten und Artengruppen bei 0, 160, 320 und 480 kg N/ha und einer PK-Düngung von 31,4 kg P/ha und 74,7 kg K/ha im Mittel der Jahre

	Arten bzw. Artengruppen	kg N/ha			
		0	160	320	480
Etzelbach	*Poa pratensis*	13	15	17	15
	Agropyron repens	11	13	22	45
	Lolium perenne	18	23	17	10
	Trifolium repens	11	2	+	+
	Kräuter	9	9	8	4
Lobenstein	*Alopecurus pratensis*	19	24	30	32
	Dactylis glomerata	9	11	13	14
	Festuca rubra	20	21	16	16
	Trifolium repens	6	1	+	+
	Kräuter	21	23	22	19
Neustadt	*Poa pratensis*	11	39	45	40
	Festuca rubra	12	9	6	7
	Agrostis tenuis	21	8	7	9
	Trifolium repens	20	1	+	+
	Kräuter	12	14	15	14

3.4. Pflanzenbestandsveränderungen

Die Aufnahme der Pflanzenbestände erfolgte nach der Ertragsanteilschätzung. In Tabelle 8 sind die Ertragsanteile der wichtigsten Arten und Artengruppen in Prozent von den Varianten 0, 160, 320 und 480 kg N/ha bei einer PK-Düngung von 31,4 kg P/ha und 74,7 kg K/ha zusammengestellt.

Etzelbach

Der Anteil an *Poa pratensis* nahm mit steigender N-Düngung nur gering, an *Agropyron repens* sehr stark zu. Besonders stark war ihre Zunahme in den trockenen Jahren 1964, 1965 und 1967. Im Mittel von 0 bis 320 kg N/ha nahm ihr Ertragsanteil von 11 auf 22% zu, während er bei 480 kg N/ha sogar 45% ausmachte. Bei einem solchen hohen Ertragsanteil ist *Agropyron repens* als Ungras zu bewerten. Daraus ergibt sich die Konsequenz, solche Bestände im Rahmen der periodischen Grünlanderneuerung zu vernichten und leistungsfähige Gräser zu etablieren.

Lolium perenne wurde bis 160 kg N/ha gefördert, während bei noch größeren Mengen sein Ertragsanteil zurückging. Diese Tendenz ist in allen 5 Untersuchungsjahren festzustellen. Hohe N-Gaben sowie Verdrängen durch andere Arten dürften die Abnahme dieses Grases bewirkt haben.

Trifolium repens ging mit steigenden Stickstoffmengen rasch, die Kräuter (*Taraxacum officinale*) erst bei 480 kg N/ha deutlicher zurück.

Lobenstein

Durch Stickstoffdüngung wurde *Alopecurus pratensis* stärker gefördert als *Dactylis glomerata*. Die Anteile von *Alopecurus pratensis* haben sich von 0 bis 480 kg N/ha fast verdoppelt.

Festuca rubra nahm bei höheren Stickstoffmengen nur zögernd ab. *Trifolium repens* unterlag bei höherer Stickstoffdüngung der Konkurrenzkraft der Gräser und trug kaum zum Ertrag bei. Die Kräuter *Anthriscus silvestris* und *Heracleum sphondylium* behaupteten sich auch bei hohen Düngergaben.

Neustadt

Durch die Stickstoffdüngung wurde *Poa pratensis* stärker gefördert als in Etzelbach. Fehlende Konkurrenz im Pflanzenbestand — keine Obergräser, keine Quecken — und günstige Wasserverhältnisse (hohe Niederschläge) dürften dazu wesentlich beigetragen haben. Gegenüber ohne Stickstoff hat sich ihr Anteil bei 320 kg N/ha mehr als um das 4fache erhöht. Bei 480 kg N/ha trat wieder eine rückläufige Tendenz auf.

Die weniger wertvollen Gräser *Festuca rubra* und *Agrostis tenuis* gingen bis 160 kg N/ha deutlich zugunsten von Poa pratensis zurück, um dann in den höheren Steigerungsstufen etwa konstant zu bleiben. Der Rückgang von *Agrostis tenuis* war wesentlich stärker als der von *Festuca rubra*.

Trifolium repens ging durch die Stickstoffdüngung bis auf Einzelpflanzen zurück.
Die stark vertretenen Kräuter *Rumex crispus* und *Rumex obtusifolius* wurden durch Stickstoff gefördert.
Die beschriebene Umschichtung der Pflanzenbestände vollzog sich hauptsächlich in den ersten beiden Versuchsjahren. Auf den sehr stark gedüngten Parzellen traten auffallend mehr Maulwurfshaufen auf. Die so entstandenen Fehlstellen wurden weitgehend von *Poa trivialis* besiedelt.
Kreil und Kaltofen (1964) haben aus Trockenmasseertrag und den geschätzten Ertragsanteilen die Erträge der einzelnen Arten berechnet. Dabei wird für jede Art der gleiche Trockenmassegehalt unterstellt. Durch eine solche Ermittlung der Erträge bestimmter Gräser ist es möglich, Umschichtungen im Pflanzenbestand noch besser zu erkennen und zu beurteilen. In Tabelle 9 sind die errechneten Erträge einiger Arten zusammengestellt.

Tabelle 9
Erträge verschiedener Gräser im Mittel der Jahre bei einer Düngung von 31,4 kg P/ha und 74,7 kg K/ha

Standort	Arten	kg N/ha			
		0	160	320	480
		dt/ha	dt/ha	dt/ha	dt/ha
Etzelbach	*Poa pratensis*	8,6	13,1	17,3	16,3
	Agropyron repens	7,3	11,3	22,3	48,8
Lobenstein	*Alopecurus pratensis*	13,5	21,0	28,5	32,0
	Festuca rubra	14,2	18,3	15,2	16,0
Neustadt	*Poa pratensis*	5,2	27,8	37,7	29,8
	Festuca rubra	5,6	6,4	5,0	5,2

Die Ergebnisse veranschaulichen den Einfluß der Stickstoffdüngung auf den Ertrag der Arten deutlich. Es können z. B. nur geringe Verschiebungen der prozentualen Ertragsanteile zu einem wesentlich höheren oder niedrigeren absoluten Ertrag der betreffenden Art führen, da Umschichtungen im Pflanzenbestand auch Veränderungen im Ertrag bewirken. In Etzelbach wurde z. B. der Ertragsanteil von *Poa pratensis* im Bereich 0 bis 320 kg N/ha nur um 4% erhöht, der absolute Ertrag aber verdoppelt. Auf diese Weise ist es also noch besser möglich, die Wandlungsfähigkeit einer Grünlandnarbe durch Intensivierungsmaßnahmen zu erklären.

3.5. Inhaltsstoffe des Futters

Über den Einfluß der Stickstoffdüngung auf einige Inhaltsstoffe im Futter informiert Tabelle 10.
Der Einfluß der N-Düngung auf den N-Gehalt im Futter ist auch im Zusammenhang mit dem Kleeanteil im Pflanzenbestand zu sehen und zu beurteilen. In Etzelbach und Neustadt ging bei 80 kg N/ha *Trifolium repens* im Bestand

Tabelle 10
Gehalte an N, P, K und Ca bezogen auf Trockensubstanz im Mittel der Jahre bei einer Düngung von 31,4 kg P/ha und 74,7 kg K/ha

Standort	Inhaltsstoffe *	kg N/ha					
		0	80	160	240	320	480
Etzelbach	N	2,85	2,79	2,97	3,22	3,53	3,88
	Ca	1,05	0,97	0,94	0,90	0,94	1,00
Lobenstein	N	2,90	3,01	3,18	3,36	3,62	3,93
	Ca	1,16	1,07	1,02	0,97	1,06	1,02
Neustadt	N	2,94	2,71	3,11	3,49	3,71	3,92
	Ca	1,14	0,96	0,95	0,99	1,02	0,95

* Die P- und K-Werte sind aus Tabelle 6 zu ersehen.

stark zurück. Dadurch sank der N-Gehalt im Futter und konnte nicht durch höhere N-Gehalte der Gräser ausgeglichen werden. Anders war es in Lobenstein. Der Kleeanteil war am Ausgangsbestand niedrig und deshalb führten bereits 80 kg N/ha zum Anstieg des Stickstoffgehaltes.
Von 160 bis 480 kg N/ha ist auf den Standorten ein kontinuierlicher Anstieg des N-Gehaltes im Futter festzustelllen.
Die Beziehungen zwischen Stickstoffdüngung und PK-Gehalt im Futter wurde unter 3.3. besprochen.
Der Ca-Gehalt im Futter liegt auf allen Standorten relativ hoch. Stickstoffgaben bis 160 kg/ha (Neustadt) bzw. 240 kg/ha (Etzelbach und Lobenstein) drücken die Gehalte etwas. Bei größeren Mengen steigen sie wieder an. Die Ausgangswerte der Null-Variante werden aber nicht wieder erreicht.
Insgesamt ist festzustellen, daß der Gehalt an Inhaltsstoffen im Futter durch die N-Düngung nicht negativ beeinflußt wurde. Hinsichtlich des N-Gehaltes hat sich die Qualität des Futters sogar verbessert. Um ein Absinken des P- und K-Gehaltes in der Trockensubstanz bei hoher Stickstoffdüngung zu vermeiden, ist entsprechend der Nährstoffversorgung des Bodens mit P und K zu düngen.

Zusammenfassung

Es wird über 5jährige N-Steigerungsversuche auf einem Flußaue-, Vorgebirgs- und Mittelgebirgsstandort berichtet. Bei einer unterschiedlichen PK-Düngung (31,4 kg P/ha, 74,7 kg K/ha bzw. 62,8 kg P/ha, 149,4 kg K/ha) betrug die jährliche N-Gabe 0, 80, 160, 240, 320 und 480 kg/ha. Auf dem Aue- und Vorgebirgsstandort brachten bis 480 kg N/ha Mehrerträge. Auf dem Mittelgebirgsstandort stieg der Ertrag nur bis 320 kg N/ha und wird bei 480 kg N/ha rückläufig. Stärkere PK-Düngung beeinflußte bei allen N-Stufen Ertrag und Inhaltsstoffe (P, K) positiv. Bei hohen N-Gaben wurden *Agropyron repens* (Auestandort), *Poa pratensis* (Mittelgebirgsstandort) sowie *Alopecurus pratensis* und *Dactylis glomerata* (Vorgebirgsstandort) im Pflanzenbestand Hauptbestandsbildner. Auf den untersuchten Standorten oder unter ähnlichen Bedingungen werden jährlich auf Aueweiden 200 bis 300 kg N/ha, Vor- und Mittelgebirgsweiden 160 bis 240 kg N/ha empfohlen.

Резюме

Название работы: ,,Результаты пятилетних опытов с возрастающими дозами азота на трех пастбищных местопроизрастаниях Тюрингии''

Сообщается о пятилетних опытах с возрастающими дозами азота на пастбищах, расположенных в речной пойме, в предгорном районе и в средних горах. При неодинаковых дозах РК-удобрений (31,4 кг Р/га, 74,7 кг К/га или 62,8 кг Р/га, 149,4 кг К/га) годовая норма азота составила 0, 80, 160, 240, 320 и 480 кг/га. В пойме и в предгорье урожайность повысилась до нормы 480 кг/га. В средних горах урожай повысился лишь до 320 кг N/га, начиная с 480 N/га он понижается. Усиленное применение РК-удобрений при всех дозах азота сказывалось положительно на урожае и на содержащихся в нем элементах (Р, К). При высоких дозах азота *Agropyron repens* (пойма), *Poa pratensis* (средние горы), а также *Alopecurus pratensis* и *Dactylis glomerata* (предгорье) стали основными растениями травостоя. В исследованных районах или в сходных условиях рекомендуется годовая норма азота для пойменных пастбищ в 200—300 кг/га, для пастбищ в предгорье и в средних горах в 160 до 240 кг/га.

Summary

Title of the pager: Five-year results of experiments with growing nitrogen applications on three Thuringian pasture sites

A report is given of 5-year experiments with growing N-applications on a riverside-, foot-hill-, and mountainous site, respectively. At varying PK-fertilization (31.4 kg P/ha – 74.7 kg K/ha and 62.8 kg P/ha – 149.4 kg K/ha, respectively), the annual N-application rates were 0, 80, 160, 240, 320, and 480 kg/ha. On the riverside- and foot-hill sites, N-applications of up to 480 kg/ha resulted in yield increments. On the mountainous site, yields rose only up to the rate of 320 kg N/ha, and went down when dressing 480 kg N/ha. At any of the N-rates applied, a heavier PK-fertilization had a positive effect on yield and content of constituents (P, K). At high N-rates, *Agropyron repens* (riverside location), *Poa pratensis* (mountainous site), and *Alopecurus pratensis* and *Dactylis glomerata* (foot-hill site) became the major sward-forming species of the stand. For the three sites studied and similar conditions, annual N-rates of 200 to 300 kg/ha (riverside pastures) and of 160 to 240 kg/ha (foot-hill and mountainous pastures) are recommended.

Literatur

FALKE, H.: Einfluß von Nutzungshäufigkeit und N-Düngung auf den Weideertrag. Z. Landeskultur 6 (1965), S. 279 – 285

FALKE, H.; MÄRTIN, B.: Der Einfluß variierter Stickstoffgaben bei unterschiedlichen Nachwuchszeiten auf Ertrag und Inhaltsstoffe des Weidefutters. Z. Landeskultur 7 (1966), S. 229–238

FALKE, H.; SCHMAUDER, G.: Erträge artenarmer Grasmischungen bei variierter N-Düngung. Z. Landeskultur zur Veröffentlichung eingereicht

KALTOFEN, H.: Das Nährstoffverhältnis bei steigendem Niveau der Grünlanddüngung. Dtsch. Landwirtschaft 18 (1967), S. 211–214

KREIL, W.; KALTOFEN, H.: Versuchsergebnisse zur Stickstoffdüngung von Dauerweiden auf Niedermoor. Sitz.-Ber. Dtsch. Akademie der Landwirtschaftswissenschaften zu Berlin 16 (1967), H. 4, S. 5–31

KREIL, W.; WACKER, G.; KALTOFEN, H.: Dreijährige Versuchsergebnisse über die Düngung einer Weide mit verschieden hohen N-Gaben (1958–1960). Z. Landeskultur 2 (1961), S. 226–257

KREIL, W.; KALTOFEN, H.; WACKER, G.: Weitere Versuchsergebnisse über die Düngung einer Weide mit verschieden hohen N-Gaben (1961–1963). Z. Landeskultur 5 (1964), S. 221–244

KREIL, W.; KALTOFEN, H.; GÜNTHER, C.: Zusammenfassende Betrachtung 10-jähriger Versuchsergebnisse über die Stickstoffdüngung einer Talsandweide. Z. Landeskultur 9 (1968), S. 209–226

Anschrift der Verfasser:

Dr. H. FALKE und Dozent Dr. habil. G. SCHMAUDER
Institut für Grünland- und Moorforschung Paulinenaue
der DAL, Zweigstelle Thüringen
5103 Neudietendorf/Thür.
Bergstr. 11

Z. Landeskultur · Bd. 11 · 1970 · Heft 1 · S. 57–73 · Berlin

Aus der Sektion Pflanzenproduktion mit Bewässerung der Humboldt-Universität zu Berlin – Bereich Acker- und Pflanzenbau

SIEGFRIED NAUMANN

Die Wirkung unterschiedlich verteilter Stickstoffgaben auf Weiden

Eingegangen am 15. 1. 69

Ebenso wie die Wirkung hoher Stickstoffmengen interessiert deren unterschiedliche Verteilung auf Weiden während der Vegetationsperiode. Sah KLAPP (1952 –1956) in der zeitlichen Staffelung des Stickstoffeinsatzes vorwiegend eine Möglichkeit zur Regulierung der Futterverteilung innerhalb der Weidezeit, so verweisen VAN BURG (1960) und DE GROOT (1957, 1960) vor allem auf die Beschleunigung des Wachstums und die Vorverlegung der Weidenutzung durch auf das Frühjahr konzentrierte Stickstoffgaben.
VOIGTLÄNDER (1961) ging es u. a. darum, durch Stickstoffverteilungsversuche die „Zeitspanne der größten N-Leistung" zu erfassen.
Schließlich stellten KREIL und Mitarbeiter (1966) für bestimmte Standorte die Vorteile einer einmalig hohen Stickstoffdosis zu Vegetationsbeginn gegenüber mehrmals geteilten und zu verschiedenen Nutzungen verabreichten Gaben fest.
Eigene, in den Jahren 1960–1962 durchgeführte Stickstoffverteilungsversuche auf unterschiedlichen Weidestandorten und ein von 1963–1965 laufender Komplexversuch sollten Aufschluß über die zweckmäßige Stickstoffverteilung unter den verschiedensten Standortbedingungen geben.

1. Standortverhältnisse und Witterungsverlauf

Für die Versuchsdurchführung wurden 5 Standorte (Tab. 1) ausgewählt, von denen Klein Zetelvitz und Monkeshof das Niederungsgrünland im Norden der DDR repräsentieren, Birkenhain am Rande des Mittelgebirges gelegen ist und Sohland und Johnsbach unterschiedliche Höhenlagen des Mittelgebirgsgrünlandes vertreten.
Von der Wasserversorgung her läßt sich Monkeshof dem Grundwassergrünland zuordnen, alle anderen Standorte gehören zum Regengrünland. Auf Niedermoor gelegen, nimmt Monkeshof auch bodenmäßig eine Sonderstellung ein, die sich außerdem im Klima (Spätfrostgefahr, starke Temperaturschwankungen im Tagesverlauf und mithin später Vegetationsbeginn im Frühjahr) und in der Zusammensetzung der Weidenarbe (92% Gräser, 8% Kräuter, fast keine Leguminosen) bemerkbar macht. Hervorzuheben sind ferner die ungünstigen physikalischen Eigenschaften des in Birkenhain vorliegenden Pseudogleys, die u. a.

Tabelle 1
Lage-, Klima- und Standortangaben zu den Versuchssorten

Art des Grünlandes (nach PETERSEN 1959)	Bodenart, Bodentyp (Einstufung bei der Reichsbodenschätzung)	Langjährige Klimawerte (1901–1950) Niederschlag Jahr	Niederschlag IV–IX	Temperatur Jahr	Temperatur IV–IX	Höhe über NN (m)
1. Klein-Zetelvitz (Kr. Demmin, Bez. Neubrandenburg)						
Regengrünland außerhalb des Mittelgebirges auf besserem Mineralboden in klimafeuchter Lage	lehmiger Sand über Lehm, schwach gebleichter brauner Waldboden (I S 3 D 54/54)	625	351	8,1	13,5	28
2. Monkeshof (Kr. und Bez. Neubrandenburg)						
Moorgrünland (Grundwassergrünland)	Niedermoor über Sand, organischer Naßboden (Ib2–42)	562	332	7,9	13,9	14
3. Birkenhain Kr. Freital, Bez. Dresden						
Regengrünland außerhalb des Mittelgebirges auf besserem Mineralboden	Lößlehm über Kieselschiefer, Pseudogley, brauner Waldboden (L 6 Lö 53/49)	697	415	8,0	13,5	304
4. Sohland (Kr. Bautzen, Bez. Dresden)						
Mittelgebirgsgrünland	Lößlehm über Granitverwitterung, mäßig gebleichter rostfarbener Waldboden (L 5 LöV 57/47)	941	531	7,8	13,8	410
5. Johnsbach (Kr. Dippoldiswalde, Bez. Dresden)						
Mittelgebirgsgrünland	Lehm über Gneisverwitterung, rostfarbener Waldboden (Sl 14 V 46/35)	935	535	6,3	11,8	500

die stark wechselnden, von übermäßiger Frühjahrsvernässung bis zu totaler Austrocknung im Sommer reichenden Feuchtigkeitsverhältnisse des Standortes bedingen.
Da bereits über die auf den gleichen Standorten durchgeführten Stickstoffsteigerungsversuche berichtet wurde (NAUMANN, 1966), kann hier auf die differenzierte Wiedergabe der Zusammensetzung des Pflanzenbestandes der Versuchsorte verzichtet werden.

Auch die Witterung der Versuchsjahre soll deshalb nur skizziert werden.

1960 – einem niederschlagsarmen Frühjahr, dem bereits 1959 ein Sommer mit langen Trockenperioden und ein trockner Herbst vorangegangen waren, folgte ein regennasser Herbst. Die Temperaturen blieben geringfügig unter der Norm.

1961 – nach einer Periode mit übernormalen Temperaturen (Februar bis April) blieb es von Mai bis einschließlich September der jeweiligen Jahreszeit entsprechend zu kalt. Während der Norden ebenfalls im allgemeinen über der Norm liegende Regenmengen aufwies, traten im Süden vereinzelt Trockenperioden auf (Birkenhain: Juni bis Jahresende zu trocken).

1962 – kann im ganzen als zu kalt und zu trocken bezeichnet werden, wobei dies ganz besonders für den Süden der DDR gilt. Hier brachte nur der Juli eine übermäßige Niederschlagsversorgung.

1963 und 1964 – beide Jahre sind in Birkenhain durch übernormale Temperaturen und zu geringe Niederschlagsversorgung während der Weideperiode gekennzeichnet. Nur im Juni 1963 und im August 1963 und 1964 lag die Regenmenge über der Norm. Besonders deutlich machte sich eine Trockenperiode im Juni/Juli 1964 bemerkbar.

1965 – die gesamte Vegetationszeit verlief gleichmäßig kühl und feucht. Nur der August weist in Birkenhain eine auffällig geringe Niederschlagsversorgung auf.

2. Versuchsmethodik

Während die Stickstoffverteilungsversuche als Lateinisches Quadrat angelegt waren, handelte es sich bei dem Komplexversuch um eine Spaltanlage mit unterschiedlichen Nutzungszeiten auf den Großteilstücken, differenzierten Stickstoffmengen auf den Mittelteilstücken und variierter Stickstoffverteilung auf den Kleinteilstücken.
Die Grunddüngung erstreckte sich für die Verteilungsversuche einheitlich auf Mengen von 31,4 kg/ha P (72 kg/ha P_2O_5) als Thomasmehl und 66,4 kg/ha K (80 kg/ha K_2O) als 40%iges Düngesalz, die im zeitigen Frühjahr vor Wachstumsbeginn verabreicht wurden. Im Komplexversuch kamen jährlich 62,8 kg/ha P (144 kg/ha P_2O_5) und 132 kg/ha (160 kg/ha K_2O) im Herbst zum Einsatz. Bei den Verteilungsversuchen gelangte eine ja nach Standort unterschiedliche

Gesamtmenge an Stickstoff zur Anwendung, wurde aber einheitlich im Laufe des Jahres nach folgendem Plan verteilt:

Tabelle 2
Stickstoffverteilung
Prozentualer Anteil der Einzelgaben an der Jahresmenge

Variante	zu Vegetations-beginn	Nach der 1.	2.	3.	4. Nutzung
1	100	—	—	—	—
2	33	33	33	—	—
3	33	17	17	17	17
4	17	—	—	33	50

Die jährlich verabreichte Stickstoffmenge belief sich in Monkeshof und Birkenhain auf 120 kg/ha N, in Klein Zetelvitz und Sohland auf 180 kg/ha N und betrug in Johnsbach 240 kg/ha N.
Im Birkenhainer Komplexversuch wurden jeweils 120 und 240 kg/ha N unterschiedlich auf die Weideperiode verteilt (Tab. 3).

Tabelle 3
Prozentuale Aufteilung der Stickstoffmengen (Varianten 1 und 2) im Komplexversuch Birkenhain (1963/1964)

Variante	zu Vegetations-beginn	Nach der 1.	2.	3.	4. Nutzung
a	20	20	20	20	20
b	50	50	—	—	—
c	—	20	50	30	—
d	—	20	—	50	30

Während sich der Nutzungstermin der Verteilungsversuche aus versuchstechnischen Gründen nach dem Erntezeitpunkt der am gleichen Standort gelegenen Stickstoffsteigerungsversuche richtete (nach der Weidereife einer mit 120 kg/ha N gedüngten Variante), wurde die „frühe“ Nutzungsvariante des trifaktoriellen Weideversuches in Birkenhain im Frühjahr zum Zeitpunkt der „optimalen Weidereife“ geschnitten, die „späte“ Variante dagegen erst nach deutlicher Überschreitung dieses Zeitpunktes. Um keinen zu großen Zeitabstand zwischen beiden Nutzungsvarianten entstehen zu lassen, wurden zwischendurch bei beiden Varianten gleich lange Aufwuchszeiten eingehalten.

3. Ergebnisse der Verteilungsversuche

3.1 Reaktionen des Pflanzenbestandes

Da die Stickstoffdüngung, die aus der Literatur bekannten und für die vorliegenden Standorte schon bei den Steigerungsversuchen beschriebenen Verschiebungen im Pflanzenbestand auslöste, soll auf die Wiedergabe dieser Ergebnisse verzichtet werden.

Es sei jedoch darauf hingewiesen, daß selbst durch die Verabreichung von 240 kg/ha N in einer Gabe im Frühjahr (V_1 in Johnsbach) keinerlei Schäden ausgelöst wurden, sondern die betroffenen Teilstücke sich durch sattgrüne Färbung, einen auffallend dichten Bestand und sehr üppiges Wachstum auszeichneten. Völliges Schwinden von Leguminosen und starke Kräuterarmut kennzeichnen diese im Frühjahr stark mit Stickstoff versorgten Weidenarben. Auch nach dem Schnitt sind die so behandelten Parzellen an ihren besonders grobstengligen und auffällig gebleichten Stoppeln leicht erkennbar.

3.2 Auswirkungen auf den Jahresertrag

Der Einfluß unterschiedlicher Stickstoffverteilung auf das Jahresergebnis kann nur am Beispiel von Sohland belegt werden. Nur dort führte in beiden Versuchsjahren (1960, 1961) die Stickstoffgabe nach der 4. Nutzung — 17% der Gesamtmenge bei V_3, 50% bei v_4 — zu einem erntefähigen Aufwuchs vor Abschluß der Weideperiode.

Tabelle 4
Stickstoffverteilungsversuch Sohland (180 kg/ha N)
Jahreserträge

N-Verteilung	GM		TM		Rpt.	
	dt/ha	rel.	dt/ha	rel.	dt/ha	rel.
1960						
V_1 180/–/–/–/–	633	98	79,8	84	17,8	98
V_2 60/60/60/–/–	649	100	95,0	100	18,2	100
V_3 60/30/30/30/30	584	90	93,8	99	16,7	92
V_4 30/–/–/60/90	583	90	75,7	101	18,0	99
$\bar{x}$	612		91,1		18,4	
GD Varianten		5%	5,05			
		1%	7,65			
		0,1%	12,29			
1961						
V_1 180/–/–/–/–	632	105	106,2	100	18,3	106
V_2 60/60/60/–/–	602	100	106,0	100	17,2	100
V_3 60/30/30/30/30	584	97	112,9	106	17,7	102
V_4 30/–/–60/90	588	98	103,3	97	16,2	94
$\bar{x}$	601	5%	107,1		17,4	
GD Varianten			4,69			
		1%	7,65			
		0,1%	11,41			

Zwischen den vier Verteilungsstufen zeigen sich zwar Ertragsunterschiede, die aber, da sie in den Versuchsjahren nicht gleichsinnig auftreten, bei der Mittelbildung nahezu gelöscht werden (Tab. 5).

Bleibt 1960 V_1 (Gesamtgabe 180 kg/ha N im Frühjahr) im Ertrag gesichert hinter allen anderen Varianten zurück, so zeigt sich 1961 die gleichmäßige Auf-

Tabelle 5
Stickstoffverteilungsversuch Sohland (180 kg/ha N): prozentualer Anteil der Nutzungen am Jahresertrag (∅ 1960/1961)

Nutzung		1.	2.	3.	4.	5.
Variante	Jahresertrag dt/ha	Anteile am Jahresertrag relativ				
		Trockenmasse				
1	93,0	46,7	22,5	12,2	13,3	5,2
2	100,5	31,4	27,1	23,0	13,8	4,5
3	103,4	32,6	23,8	15,3	19,0	9,2
4	99,5	27,4	18,2	9,1	26,9	18,2
		Rohprotein				
1	18,0	54,9	20,1	10,0	10,9	3,9
2	17,7	33,5	26,2	23,6	13,1	3,4
3	17,2	37,2	22,5	14,1	17,3	8,7
4	17,1	29,6	16,3	8,3	25,6	20,0

teilung der Stickstoffmenge über die gesamte Weideperiode (v_3) den anderen Verteilungsstufen signifikant überlegen. Immerhin kann diesem Ergebnis entnommen werden, daß in den Jahren mit kalter Frühjahrswitterung (wie 1960) hohe einmalige Stickstoffgaben gegenüber den anderen Verteilungsformen geringere Jahreserträge (im vorliegenden Falle über 15%) nach sich ziehen können, insbesondere dann, wenn die Witterung während der folgenden Umtriebe eine gute Stickstoffwirkung ermöglicht.

Weiterhin wird durch das Ergebnis beider Versuchsjahre unterstrichen, daß auf die erste Hälfte der Vegetationsperiode konzentrierte Stickstoffgaben (v_1, v_2) im Jahresergebnis höhere Rohproteinerträge liefern, als verstärkt gegen Ende der Weideperiode eingesetzte Stickstoffdosen (v_4).

Bringt eine feststehende Jahres-N-Menge (im Versuch Sohland 180 kg/ha N) trotz unterschiedlicher Verteilung annähernd gleiche Jahreserträge, so variieren Höhe und Zeitpunkt der Teilgaben die zu den einzelnen Nutzungen anfallenden Futtermassen ganz erheblich (Tab. 5). Im Mittel von 2 Jahren waren die ersten beiden Schnitte in Sohland je nach Stickstoffverteilungsvariante mit 69% (v_1) bzw. 46% (v_4) bei der Trockenmasse und mit 75% (v_1) bzw. 46% (v_4) beim Rohprotein am Jahresergebnis beteiligt.

Da, wie bereits dargelegt, in mehreren Fällen an den übrigen Standorten der 5. Aufwuchs ausblieb, läßt sich dort nichts über den unterschiedlichen, vom Stickstoffangebot abhängigen Anteil der Einzelernten am Jahresergebnis aussagen. Nicht nur, daß die spät gestreuten hohen Teilgaben für die betroffenen Varianten (v_3, v_4) nicht mehr ertragswirksam werden konnten und damit die Jahreserträge auf uneinheitlichen Stickstoffmengen basieren, sondern der im Spätherbst unverwertet gebliebene Stickstoff wirkte im ersten Aufwuchs des Folgejahres auch mehr oder minder ertragserhöhend zu Gunsten dieser Varianten, worüber aber eine Kontrolle fehlt.

Dennoch lassen sich aus den kumulativ dargestellten Ertragsübersichten (Tab. 6 und 7) einige wichtige Ergebnisse entnehmen. Zunächst lagen 1961 auf Grund

Tabelle 6
Stickstoffverteilungsversuche 1960—1962 Trockenmasseerträge (dt/ha)
der Einzelernten (kumulativ)

Nutzung kg/ha N	Ort	Jahr	Variante	1.	1. und 2.	1. bis 3.	1. bis 4.	1. bis 5.
120	M	1960	1	29,33	45,24	63,52	79,07	
			2	25,99	43,50	62,82	78,82	
			3	20,99	37,79	57,84	73,79	
			4	19,68	33,04	53,04	72,08	
		1961	1	44,40	62,46	76,73	89,34	
			2	25,62	52,28	71,30	86,15	
			3	27,93	53,44	70,62	88,75	
			4	20,58	39,64	53,04	72,57	
	B	1960	1	22,34	48,77	55,28	61,72	
			2	16,93	45,11	61,64	68,72	
			3	18,60	43,43	55,21	67,07	
			4	16,90	33,33	43,39	57,98	
		1961	1	43,62	61,54	79,46	79,46	
			2	35,46	62,12	89,06	89,06	
			3	40,17	58,85	82,31	91,45	
			4	41,31	59,09	79,84	91,46	
		1962	1	15,92	25,38	37,66	46,11	46,11
			2	12,72	23,40	38,88	49,76	49,76
			3	11,39	20,25	31,28	44,90	44,90
			4	11,14	18,32	26,14	41,66	56,44
180	Z	1960	1	35,60	57,25	69,83	81,52	
			2	27,17	53,60	76,02	89,64	
			3	27,61	50,60	69,39	87,21	
			4	23,27	42,76	54,03	77,84	
		1961	1	30,69	61,03	75,60	86,75	100,11
			2	19,80	54,44	82,17	94,80	107,54
			3	21,96	54,79	75,32	92,33	116,02
			4	18,00	42,86	56,28	79,62	115,46
	S	1960	1	39,49	55,98	65,92	76,29	79,76
			2	31,75	55,38	77,36	91,46	95,03
			3	30,77	51,93	66,99	85,31	93,81
			4	28,24	44,13	52,14	77,75	95,68
		1961	1	46,72	72,48	85,20	99,65	106,22
			2	31,10	62,42	86,73	100,35	105,96
			3	36,73	64,95	81,45	102,39	112,90
			4	26,25	46,82	56,90	84,90	103,30
240	J	1961	1	33,70	64,74	79,72	88,40	
			2	30,12	62,33	89,05	103,36	
			3	24,99	52,39	74,90	90,81	
			4	30,56	51,63	64,49	82,51	
		1962	1	12,33	43,73	64,55	80,75	85,98
			2	10,74	42,12	65,72	84,10	90,65
			3	11,35	41,55	61,53	77,15	87,58
			4	10,88	30,38	38,08	64,40	78,35

M = Monkeshof; B = Birkenhain; Z = klein Zetelvitz; S = Sohland; J = Johnsbach

Tabelle 7
Stickstoffverteilungsversuche 1960—1962 Rohproteinerträge (dt/ha) der Einzelernten (kumulativ)

Nutzung kg/ha N	Ort	Jahr	Variante	1.	1. und 2.	1. bis 3.	1. bis 4.	1. bis 5.
120	M	1960	1	7,08	10,31	14,70	19,67	
			2	5,36	9,05	14,06	19,19	
			3	4,64	8,11	13,13	18,62	
			4	4,16	6,70	12,08	18,70	
		1961	1	6,94	9,13	11,45	13,42	
			2	3,59	6,97	10,09	12,41	
			3	4,05	7,10	9,71	12,69	
			4	2,93	5,22	7,23	10,41	
	B	1960	1	5,36	9,77	10,58	11,69	
			2	3,27	7,34	9,52	10,68	
			3	3,79	6,98	8,60	10,71	
			4	3,38	5,95	7,37	10,02	
		1961	1	8,96	11,63	14,36	14,36	
			2	6,14	10,37	14,44	14,44	
			3	7,06	10,22	13,86	15,36	
			4	6,95	9,76	13,08	14,94	
		1962	1	4,23	6,51	8,46	9,85	9,85
			2	2,47	4,75	7,26	8,77	8,77
			3	2,32	4,15	6,00	8,07	8,07
			4	2,37	3,71	5,24	7,87	9,99
180	Z	1960	1	9,42	13,46	15,32	17,46	
			2	6,19	10,97	14,59	16,81	
			3	5,94	9,94	12,71	16,10	
			4	4,67	7,99	9,84	14,24	
		1961	1	8,37	12,79	14,60	16,28	18,36
			2	3,97	8,78	12,97	14,81	16,55
			3	4,47	8,53	11,17	13,80	17,36
			4	3,24	6,22	8,26	12,35	18,64
	S	1960	1	10,30	13,52	15,23	17,14	17,79
			2	6,30	10,73	15,29	17,67	18,19
			3	6,13	9,55	12,03	15,04	16,67
			4	5,60	8,00	9,28	13,98	17,98
		1961	1	9,52	13,58	15,50	17,55	18,32
			2	5,59	10,46	14,30	16,56	17,25
			3	6,69	11,02	13,39	16,35	17,69
			4	4,56	7,71	9,26	13,32	16,21
240	J	1961	1	9,22	14,42	16,76	17,34	
			2	5,04	10,84	15,84	18,36	
			3	4,84	9,28	12,71	15,40	
			4	5,38	8,18	9,99	13,51	
		1962	1	4,82	12,51	16,74	19,61	20,70
			2	3,45	10,70	15,98	19,04	20,32
			3	3,50	10,20	13,72	16,84	19,10
			4	3,31	6,51	7,61	12,96	16,57

M = Monkeshof; B = Birkenhain; Z = Klein Zetelvitz; S = Sohland; J = Johnsbach der günstigen Feuchtigkeits- und Temperaturverhältnisse während des ersten Aufwuchses und der damit verbundenen besseren Stickstoffwirkung die Erträge allgemein höher als 1960 (mit Ausnahme von Klein Zetelvitz). Im Mittel von jeweils 9 Ernten aus den ersten 3 Aufwüchsen beider Jahre (1960/61) ergibt sich, daß nach drei Schnitten die dreifach geteilte N-Gabe (v_2) der ungeteilten (v_1) im Trockenmasseertrag um 8% über-, im Rohproteinertrag aber um 9,5% unterlegen ist. Der Ertrag beider Varianten basiert zu diesem Zeitpunkt schon auf der vollen, für die gesamte Weideperiode vorgesehenen Stickstoffmenge. Dagegen haben die Varianten v_3 und v_4 bis dahin nur 67% bzw. 17% des Stickstoffs erhalten. Sie liegen dementsprechend auch um 9,6% bzw. 19,6% im Trockenmasse- und 20,3 bzw. 36,6% im Rohproteinertrag unter den Ergebnissen von Variante v_1. In jedem Falle, also unabhängig von Stickstoffmenge, Standort und Jahr, wirkt sich die einmalig frühe Stickstoffgabe nachhaltiger und stärker auf die Rohprotein- als auf die Trockenmasseerträge aus.

Eine Nachwirkung des im Herbst nicht zur Produktion genutzten Stickstoffs auf den ersten Aufwuchs läßt sich nicht ohne weiteres nachweisen, aber in der Tendenz aus den Ertragswerten ablesen. Auf allen Standorten verschiebt sich das Ertragsverhältnis zwischen den Varianten v_2, v_3 und v_4 im zweiten Versuchsjahr zu Gunsten der Varianten mit hohen und späten N-Gaben. Im Durchschnitt aller Standorte ergeben sich folgende Relationen:

Relativertrag: (1. Aufwuchs)	v_2	v_3	v_4
1. Versuchsjahr			
Trockenmasse	100 (26,39 dt)	93	90
Rohprotein	100 (5,23 dt)	97	89
2. Versuchsjahr			
Trockenmasse	100 (24,54 dt)	113	95
Rohprotein	100 (4,55 dt)	113	92

Die relative Ertragserhöhung von v_3 und v_4 im zweiten Versuchsjahr läßt sich nur als Nachwirkung des im Herbst gestreuten Stickstoffs deuten.

3.3. Veränderungen des Nährstoffgehaltes

Wie bereits durch die Ergebnisse der Stickstoffsteigerungsversuche ausgewiesen wurde (Naumann, 1966), beeinflußte die Stickstoffdüngung den Trockensubstanz-, Rohprotein- und Kaligehalt des Futters. Die dabei hervorgerufenen Gehaltsänderungen sind so stark, daß sie sich noch in den Jahreserträgen (Tab. 8) widerspiegeln, die sich ja aus mehreren, unter den unterschiedlichsten Witterungsbedingungen aufgewachsenen Ernteergebnissen zusammensetzen und damit vielfältige Möglichkeiten zum Ausgleich einschließen.

So wurde beispielsweise in Sohland auf den Teilstücken mit frühjahrsbetonter Stickstoffdüngung (v_1, v_2) ein rohprotein- und kalireicheres Futter als auf den Parzellen geerntet, die vorwiegend späte Stickstoffgaben erhielten (v_3, v_4). Im Mittel aller Versuchsorte und -jahre hat im ersten Aufwuchs die Erntesubstanz

Tabelle 8
Stickstoffverteilungsversuch Sohland — durchschnittlicher Nährstoffgehalt der Jahresernten (% i.T.)

	Rohprotein	Rohfaser	P	K	Ca*)	
v_1	22,3	27,4	0,35	4,35	0,78	1960
v_2	19,3	28,6	0,35	3,87	0,82	
v_3	17,0	29,5	0,33	3,78	0,61	
v_4	18,8	30,1	0,37	3,60	0,74	
v_1	17,2	27,3	0,32	3,34	0,66	1961
v_2	16,3	26,0	0,27	3,44	0,70	
v_3	15,7	27,1	0,30	3,31	0,68	
v_4	15,7	29,0	0,28	2,93	0,64	

* entspricht:/0,65—0,84 P_2O_5; 3,53—5,24 K_2O; 0,86—1,14 CaO

von Variante v_1 um 1,7% (0,2—0,8%) geringere Trockensubstanz- und um 5,2% (1,3—9,5%) höhere Rohproteingehalte als die der übrigen Varianten. Die Erhöhung des Kaligehaltes bleibt mit 0,32% (0,01—0,85%) sehr gering, sie ist auf den allgemein hohen Kaligehalt im Frühjahrsfutter zurückzuführen.

4. Ergebnisse des Komplexversuches

Zwischen den Versuchsjahren 1963—1965 bestanden sehr große Unterschiede hinsichtlich der Temperaturen und der Niederschlagsversorgung während der Vegetationsperiode. Daraus resultiert ein sehr unterschiedlicher Zuwachsverlauf, ergeben sich stark differenzierte Erträge und war zwangsläufig ein den Witterungsverhältnissen der einzelnen Jahre angepaßter Nutzungsrhythmus erforderlich.
In wüchsigen Perioden (besonders 1963 und 1965) mußten die Unterschiede in den Aufwuchszeiten zwischen „früher“ und „später“ Nutzung relativ gering gehalten werden, um das Aufwuchsvermögen nicht zu drosseln; in Trockenperioden (1964) brachten selbst sehr lange Zwischennutzungszeiten keinen wesentlichen Zuwachs.
In allen Jahren erfolgte die erste Stickstoffgabe für beide Nutzungsvarianten gleichzeitig zu Vegetationsbeginn und der Ertragsunterschied zwischen den Varianten „früh“ und „spät“ im ersten Schnitt beruht nur auf der unterschiedlich langen Aufwuchszeit. Für alle folgenden Nutzungen ist zu berücksichtigen, daß für die „späte“ Variante auch die N-Düngung gegenüber der „frühen“ Nutzungsvariante später verabreicht wurde und mithin unter Bedingungen, die sowohl vom natürlichen Wachstumsverlauf der Grünlandpflanzen (mit fortschreitender Vegetationsperiode abnehmender Massenwuchs), als auch seitens der Feuchtigkeitsversorgung als ungünstiger anzusprechen sind.
In der Tendenz fallen die Mehrerträge bei „später“ gegenüber „früher“ Nutzung mit steigender Stickstoffversorgung. Das bedeutet, daß der maximale Tageszuwachs um so früher erreicht wird, je höher die aufgewandte N-Menge ist. Auch der Rohproteingehalt läßt bei „später“ Nutzung umso stärker nach, je

Tabelle 9
Ergebnisse des Komplexversuches Birkenhain — 1963

		Grünmasse dt/ha	Trockenmasse dt/ha	Rohprotein dt/ha
1. Nutzungen				
I	früh	471	84,0	17,6
II	spät	533	91,3	18,1
GD 5%			12,18	2,55
2. N-Mengen				
1.	120 kg/ha N	451	79,4	15,3
2.	240 kg/ha N	553	95,5	20,3
GD 5%			4,07	0,77
3. N-Verteilung (% der Jahresmenge — 120 bzw. 240 kg/ha N)				
A	20/20/20/20/20/	503	88,7	17,6
B	50/50/—/—/—/	509	84,3	18,1
C	—/20/50/30/—/	512	90,8	18,4
D	—/20/—/50/30/	482	86,7	17,3
GD 5%			4,84	0,87

	GM	TM dt/ha	Rpt.	GM	TM dt/ha	Rpt.
4. Wechselwirkung: Nutzungszeit/Düngermenge						
		1			2	
I	419	75,6	15,1	522	92,2	20,1
II	482	83,1	15,6	583	99,5	20,6
GD 5%					5,73	1,08
5. Wechselwirkung: Nutzungszeit/Verteilungsform						
		I			II	
A	491	87,8	17,9	517	89,6	17,4
B	479	81,0	18,1	540	87,6	18,0
C	457	84,0	17,3	567	97,6	19,5
D	457	83,0	17,1	507	90,3	17,4
GD 5%					6,01	1,23
6. Wechselwirkung: Düngermenge/Verteilungsform						
		1			2	
A	450	80,6	15,0	558	96,8	20,2
B	452	71,8	14,7	567	96,8	21,4
C	455	84,1	16,2	569	97,5	20,6
D	446	81,0	15,4	518	92,3	19,1
GD 5%					6,01	1,23

besser die Narbe mit Stickstoff versorgt wurde. Der „beweidbare" Höchstertrag" wird auf intensiv mit Stickstoff gedüngten Flächen wesentlich früher als auf mangelhaft versorgten Koppeln erzielt. In Versuchen wäre es also auch zweckmäßiger, Varianten mit hoher N-Düngung häufiger als solche mit schwacher Düngung zu ernten. Trockensubstanz-, Rohfaser- und Mineralstoffgehalte zeigen keine gleichsinnigen Veränderungen und unterliegen größeren Schwankungen.

Über die Jahreserträge und deren Beeinflussung durch die einzelnen Prüffaktoren sowie deren Kombinationen unterrichten die Tabellen 9—11. In allen 3 Versuchsjahren konnte die „späte" Nutzung keinen signifikanten Mehrertrag bringen, obgleich diese bei den Einzelernten teilweise der „frühen" Variante deutlich überlegen war. Hierin offenbart sich wiederum das Vermögen der Grasnarbe im Verlauf der relativ langen Weideperiode zwischen den Erträgen der einzelnen Schnitte je nach Gunst oder Ungunst der jeweiligen Witterung auszugleichen. 1964 konnten infolge Trockenheit und „später" Nutzung nur zwei Schnitte nach verhältnismäßig langen Aufwuchszeiten gegenüber drei Ernten bei „früher" Nutzung vorgenommen werden. Dadurch bleibt die „frühe" Nutzung im Jahresergebnis überlegen. Außerdem machte sich gerade 1964 die jahreszeitlich spätere N-Düngung zu den Varianten mit „später" Nutzung deutlich bemerkbar.

Nicht die Dauer einer Aufwuchsperiode schlechthin, sondern die in dieser herrschenden Feuchtigkeits- und Temperaturverhältnisse entscheiden über den Zuwachsverlauf und damit auch über die Wirksamkeit des verabreichten N-Düngers. So konnten beispielsweise 1965 im zweiten Aufwuchs nach 30 Tagen (12. 5.—11. 6.) 218 dt/ha Gr. M. mit 31,2 dt/ha Tr. M., nach 36 Tagen (21. 5. bis 26. 6.) aber nur 158 dt/ha Gr. M. mit 26,9 dt/ha TM geerntet werden. In der „frühen" Periode fielen 4,4 mm/d., in der „späten" nur 3,4 mm/d Niederschlag. Außerdem war der zweite Zeitraum um durchschnittlich 1,8 °C wärmer und ist deshalb noch ungünstiger zu beurteilen. Deutlicher als hier die Feuchtigkeitsversorgung macht sich im gleichen Jahre die Temperaturwirkung im vierten Aufwuchs bemerkbar. Einen Ertrag von 60 dt/ha Gr. M. mit 18,4 dt/ha nach 47 Tagen (13. 7.—31. 8.) stehen nach 64 Tagen Aufwuchszeit (9. 8.—12. 10.) nur 20 dt/ha Gr. M. mit 4,5 dt/ha Tr. M. gegenüber. Obgleich auch die Niederschlagsversorgung unterschiedlich ausfiel, (2,3 mm/Tag gegenüber 1,4 mm/Tag) dürfte vor allem die im „späten" Aufwuchszeitraum um 2,7 °C geringere Durchschnittstemperatur zu den starken Ertragsunterschieden geführt haben.

In allen Jahren brachte die höhere N-Menge gesichert höhere Erträge. Auch die Ergebnisse bei variierter N-Verteilung (Varianten A—C) ergeben im Vergleich zu den früher besprochenen N-Verteilungsversuchen kein anderes Bild. Entsprechend den unterschiedlichen Witterungsbedingungen der Versuchsjahre ergaben die Verteilungsvarianten C (1963), B (1964) und D (1965) den jeweiligen Höchstertrag an Trockenmasse.

Während die Wechselwirkung Nutzungszeit/Düngermenge alljährlich den Höchstertrag zugunsten der höheren Düngermenge, ganz gleich, ob diese mit der „frühen" oder „späten" Nutzung gekoppelt war, ausweist, ergeben sich bei der Wechselwirkung Düngermenge/Verteilungsform 1965 Ausnahmen zugunsten der geringeren Düngermenge. Sowohl die schwerpunktmäßig auf das Frühjahr (Variante B) als auch die auf das Ende der Weideperiode (Variante D) konzentrierte N-Düngung mit 120 kg/ha N war der Frühjahrsdüngung (Variante B) mit 240 kg/ha N im Trockenmasseertrag überlegen. Dieses Ergebnis beruht

Tabelle 10
Ergebnisse des Komplexversuches Birkenhain — 1964

		Grünmasse dt/ha	Trockenmasse dt/ha	Rohprotein dt/ha
1. Nutzungen				
I	früh	335	60,6	10,0
II	spät	279	78,8	9,5
GD 5%			11,97	1,33
2. N-Mengen				
1.	120 kg/ha N	266	63,8	8,1
2.	240 kg/ha N	348	75,6	11,4
GD 5%			5,04	0,93
3. N-Verteilung (% der Jahresmenge — 120 bzw 240 kg/ha N)				
A	20/20/20/20/20/	323	73,8	10,0
B	50/50/ — / — / — /	369	78,5	12,2
C	— /20/50/30/ — /	272	67,7	9,1
D	— /20/ — /50/30/	263	58,7	7,7
GD 5%			3,79	0,19

	GM	TM dt/ha	Rpt.	GM	TM dt/ha	Rpt.
4. Wechselwirkung: Nutzungszeit/Düngermenge						
		1			2	
I	275	53,6	8,1	395	68,3	12,2
II	257	75,1	8,1	301	82,8	10,8
GD 5%					7,12	1,31
5. Wechselwirkung: Nutzungszeit/Verteilungsform						
		I			II	
A	344	62,3	10,2	302	85,4	10,2
B	410	69,4	13,0	328	88,4	11,4
C	304	62,0	9,5	240	74,8	8,8
D	282	50,2	7,9	244	67,2	7,5
GD 5%					5,36	0,27
6. Wechselwirkung: Düngermenge/Verteilungsform						
		1			2	
A	272	65,0	8,3	375	82,7	12,1
B	326	70,8	10,0	412	86,9	14,4
C	236	64,9	7,5	308	71,8	10,7
D	230	56,6	6,6	296	60,8	8,8
GD 5%					5,36	0,27

im wesentlichen auf der starken Herabsetzung des Trockensubstanzgehaltes im Futter durch die hohe N-Menge. Im Grünmasse- und Rohproteinertrag sind auch hier stets die Kopplungen mit der höheren N-Menge ertragsstärker.

Tabelle 11
Ergebnisse des Komplexversuches Birkenhain — 1965

		Grünmasse dt/ha	Trockenmasse dt/ha	Rohprotein dt/ha
1. Nutzungen				
I	früh	497	87,8	16,3
II	spät	471	84,2	15,9
GD 5%			6,91	0,48
2. N-Mengen				
1.	120 kg/ha N	441	79,1	13,6
2.	240 kg/ha N	526	92,9	18,6
GD 5%			3,18	0,36
3. N-Verteilung (% der Jahresmenge — 120 bzw. 240 kg/ha N)				
A	25/25/25/25/	495	90,5	16,4
B	50/50/--/—/	466	75,2	15,3
C	—/50/50/—/	491	86,9	16,3
D	—/—/50/50/	483	91,5	16,4
GD 5%			6,61	0,71

	GM	TM dt/ha	Rpt.	GM	TM dt/ha	Rpt.
4. Wechselwirkung: Nutzungszeit/Düngermenge						
		1			2	
I	447	77,8	13,8	546	92,2	18,8
II	435	80,5	13,5	506	93,7	18,3
GD 5%					4,50	0,50
5. Wechselwirkung: Nutzungszeit/Verteilungsform						
		I			II	
A	557	89,8	18,6	432	91,3	14,2
B	452	73,6	14,7	480	76,8	15,9
C	498	87,0	15,9	484	86,7	16,7
D	480	89,5	16,1	486	93,5	16,8
GD 5%					9,35	1,00
6. Wechselwirkung: Düngermenge/Verteilungsform						
		1			2	
A	446	81,1	14,0	544	100,0	18,8
B	420	87,4	12,4	512	83,0	18,2
C	446	79,8	13,5	536	94,0	19,1
D	453	88,2	14,6	514	94,8	18,3
GD 5%					9,35	1,00

Da sowohl die Wirkung einer unterschiedlichen N-Verteilung als auch die des unterschiedlichen Nutzungszeitpunktes sehr stark witterungsabhängig sind, läßt sich zwangsläufig auch aus der Wechselwirkung beider Faktoren keine sichere Schlußfolgerung ableiten.

5. Diskussion der Ergebnisse

In unseren Versuchen führte die unterschiedliche Aufteilung einer feststehenden Stickstoffmenge zu nur geringen und kaum gesicherten Differenzen im Jahresertrag. Diese Feststellung läßt sich unabhängig vom Standort und Versuchsjahr treffen, wie ja bereits durch zahlreiche andere Autoren bestätigt wurde. Da wohl selten der Fall eintritt, daß alle Teilgaben innerhalb einer Weideperiode in temperatur- und feuchtigkeitsbegünstigte Wuchsperioden fallen, ist die jeweils erzielte Stickstoffwirkung starken Schwankungen unterworfen und mithin meist ein Ertragsausgleich infolge der unterschiedlichen Massenwüchsigkeit der einzelnen Aufwüchse gegeben. Auf jeden Fall ist entsprechend dem Witterungsverlauf des betreffenden Jahres jeweils die Verteilungsform ertragsbegünstigt, bei der auf hohe Stickstoffgaben ausgesprochenes „Wuchswetter" folgt. Im Frühjahr dürfte die Temperatur, im Sommer die Wasserversorgung den Ausschlag für eine gute Stickstoffwirkung geben, während im Spätsommer und Herbst beide Faktoren optimal zusammenwirken müssen.
Die Versuchsergebnisse lassen erkennen, daß durch variierte Verteilung der Stickstoffmengen die Erträge der Einzelernten viel stärker als das Jahresergebnis beeinflußbar sind. Dadurch bietet sich die Möglichkeit, den Aufwuchsrhythmus auf dem Grünland den jeweiligen Erfordernissen anzupassen.
Allerdings muß dabei auch auf die Qualität des erzeugten Futters geachtet werden. Durch „frühe" Stickstoffdüngung kann eine größere Rohproteinmenge erzeugt werden als durch späteren Stickstoffeinsatz, wie aus dem vorgelegten Zahlenmaterial hervorgeht. Starke Stickstoffgaben im zeitigen Frühjahr erhöhen den Kaligehalt des Futters, der dann oft bedenklich nahe an der für das Tier noch zuträglichen Grenze liegt.
Hohe, ungeteilte, im Frühjahr verabreichte Stickstoffgaben bieten trotz der von uns in den vorausgehenden Darlegungen gemachten Einschränkungen in den meisten Jahren eine hohe Ertragssicherheit, da mit ihrer Hilfe die Periode optimalen Gräserwachstums und das hohe Wasserangebot zu dieser Zeit maximal genutzt werden können. Die Möglichkeiten zur Vorverlegung der ersten Nutzung, zur Erzeugung eines hohen Anteils von eiweiß- und mineralstoffreichen Schnittfutters, besonders zur Winterbevorratung sowie die arbeitsökonomisch günstige Düngerausbringung sind weitere Vorzüge dieser Verteilungsvariante. Sie bietet sich vor allem auch für Gebiete mit regelmäßig auftretenden Trockenperioden an. Allerdings wird das reichliche Futterangebot im Frühjahr bei diesem Verfahren zusätzlich überhöht und nur über hohe Mähanteile und ausreichende Konservierungseinrichtungen lassen sich die Verluste in tragbaren Grenzen halten.
Eine gleichmäßige Aufteilung der gesamten Stickstoffmenge über die Weideperiode bringt zwar einen für den Weidebetrieb wünschenswerten verhältnismäßig ausgeglichenen Futteranfall, erfordert aber durch das kontinuierliche Streuen relativ geringer Düngermengen einen im Vergleich zum erzielten Resultat unvertretbar hohen Aufwand.

Verteilungsvarianten, die einen deutlichen Düngungsschwerpunkt gegen Ende der Weideperiode aufweisen, sind nur an Standorten zu befürworten, wo zu diesem Zeitpunkt über das Grundwasser, natürlichen oder Zusatzregen und ausreichend hohe Temperaturen noch eine gute Stickstoffausnutzung garantiert ist. Aber selbst dort sollten 50% des Gesamtstickstoffes im Frühjahr verabreicht werden und die „späte" Düngung bis Mitte August erfolgen. Nach dem Eintritt niedriger Nachttemperaturen bleiben reichlich mit Stickstoff versehene Flächen zwar grün, während Narben mit mangelnder Stickstoffversorgung vergilben oder auch eine graubraune Färbung annehmen, aber auch bei ihnen tritt kein für die Ertragsbildung ins Gewicht fallendes Wachstum ein.
Die Aufteilung der gesamten Weidefläche in Nutzungseinheiten und Koppeln bzw. Tagesrationen bietet ohnehin die Möglichkeit, entsprechend der vorgesehenen Nutzung für die Teilfläche die Stickstoffdüngung zu variieren.

6. Zusammenfassung

Es werden die Ergebnisse mehrerer im Zeitraum von 1960 bis 1965 durchgeführter Stickstoffverteilungsversuche vorgelegt. Die unterschiedliche Aufteilung einer für die einzelnen Standorte feststehenden Stickstoffmenge (120—240 kg/ha N) erbrachte geringe, nur in wenigen Fällen gesicherte Differenzen im Jahresertrag zwischen den 4 geprüften Verteilungsvarianten. Dagegen wurde das jahreszeitliche Futterangebot je nach Menge und Zeitpunkt der Stickstoffgaben beträchtlich variiert. Verstärkter Stickstoffeinsatz im Frühjahr führte gegenüber späten Stickstoffgaben zu höheren Rohproteinerträgen und Kaligehalten. Für die Mehrzahl der Grünlandbetriebe kann der verstärkte Einsatz des Stickstoffs im Frühjahr empfohlen werden und nur dort, wo es die Temperatur- und Feuchtigkeitsverhältnisse zulassen, sind auch späte Stickstoffgaben vertretbar.

Резюме

Название работы: Действие различных доз азотного удобрения на пастбищах

Сообщаются результаты опытов по распределению азота, проведенных с 1960 года по 1965 год. Неодинаковое распределение количества азота (120—240 кг/га), установленного для отдельных местопроизрастаний, приводило лишь в небольшом числе случаев к достоверным разностям годового урожая между четырьмя вариантами. В противоположность этому сезонное предложение корма проявляло значительное разнообразие в зависимости от количества и срока применения азотного удобрения. Усиленное использование азота весной, по сравнению с поздним его применением, обусловливало более высокий сбор сырого протеина и более высокое содержание калия. Для большинства сенокосно-пастбищных хозяйств может быть рекомендовано усиленное применение азота весной. Лишь там, где то разрешается температурным и водным режимами, возможно также позднее применение азота.

Summary

Title of the paper: The effect of differing nitrogen applications on pastures

The results of several nitrogen fertilization experiments conducted between 1960 and 1965 are reported. The splitting of a total nitrogen amount fixed for the various locations (120 to 240 kg N/ha) into different dressings resulted in slight variations of the annual yield of the four variables being significant in few cases only. On the other hand, the seasonal forage production pattern changed considerably when varying the amount and time of N-application. Heavier dressings in spring caused higher crude-protein yields and potassium levels, as compared with late times of application. Most grassland farms are advised to use stronger nitrogen rates in spring. Late nitrogen dressings are possible only for those locations where temperature and moisture conditions allow to do so.

Literatur

Burg, van P. F. J.: De invloed van de tijd van toedienung van Stikstof op de opbrengst (Der Einfluß der Anwendungszeit von Stickstoff auf den Ertrag). Stikstof 3 (1960), 26, S. 87–96

Groot, de H.: Geef vroeg stikstof aan het grasland in het voorjaar (Gib im Frühjahr zeitig Stickstoff aufs Grünland). Stikstof 3 (1957), S. 3–6

Groot, de H.: Zware stikstofbemestingen op grasland (Starke Stickstoffdüngung auf Grünland). Stikstof 3 (1960), S. 14–20

Klapp, E.: Zum zeitlichen Verlauf des Graszuwachses auf Weiden und seiner Beeinflussung durch Stickstoffgaben. Zeitschrift für Acker- und Pflanzenbau 95 (1952), S. 69–72

Klapp, E.: Über den zeitlichen Verlauf des Graszuwachses auf Weiden und seine Beeinflussung durch Stickstoffdüngung. Zeitschrift für Acker- und Pflanzenbau 101 (1956), S. 95–113

Kreil, W.; Kaltofen, H.; Leistner, J.; Kasdorff, K.: Untersuchungen über die optimale Stickstoffdüngung auf Weiden. Forschungsbericht (1966), 1701 35 h/5/35/2

Naumann, S.: Über die Stickstoffdüngung auf Weiden. Wissenschaftliche Zeitschrift der Humboldt-Universität zu Berlin, math.-nat. Reihe XV (1966), 2, S. 281–289

Voigtländer, G.: Versuche mit variierter Verteilung der Stickstoffgaben auf Weiden der Schwäbischen Alb. Zeitschrift für Acker- und Pflanzenbau 113 (1961), S. 263–279

Anschrift des Verfassers:

Dr. S. Naumann
Wiss. Oberassistent, Sektion Pflanzenproduktion mit Bewässerung
– Bereich Acker- und Pflanzenbau –
Humboldt-Universität zu Berlin
104 Berlin
Invalidenstr. 42

Z. Landeskultur · Bd. 11 · 1970 · Heft 1 · S. 75–79 Berlin

Aus dem Institut für Grünland- und Moorforschung Paulinenaue der Deutschen Akademie der Landwirtschaftswissenschaften zu Berlin

HARRY WALKOWIAK

Untersuchungen über den bodenwirksamen Einfluß von Gramoxone (Paraquat) auf Ansaaten von *Lolium perenne* L.)

Eingegangen am 19. 2. 1969

Bei der Graslandansaat durch direktes Eindrillen des Saatgutes in mit Gramoxone vernichtete Graslandnarben, aber auch nach Ansaaten mit dem „Rotaseeder", wenn das Saatgut nur sehr flach und in größerem Umfange auf abgestorbenes Pflanzenmaterial gelegt wurde, war auf organischen Böden oft festzustellen, daß eine große Anzahl der jungen Gräser und Kleepflanzen entweder Chlorophyllschäden an den Koleoptilen oder eine geringere Wachstumsintensität aufwiesen als bei der Ansaat nach tieferer Bodenbearbeitung. Schwere Chlorophyllschäden führten im Verlaufe der darauffolgenden Wochen zum Absterben der Pflanzen, leichtere hoben sich auf. Die Pflanzenbestände zeigten Symptome, die denen bei N-Mangel gleichen. Lückige Neuansaaten und starke Ertragsdepressionen im Vergleich zu den zusätzlich mit Bodenfräsen bearbeiteten Flächen waren die Folge. Die Ursachen dafür waren bisher unklar. Eine Nachwirkung des Herbizides über den Boden wird von BOON (1964) wegen der chemischen Reaktion zwischen dem Wirkstoff Paraquat und den Bodenteilchen verneint.
Das verminderte Wachstum der Pflanzen kann einmal auf N-Mangel zurückgeführt werden, der durch Festlegung des im Boden vorhandenen Stickstoffes beim Abbau der Stoppelmasse eintritt. Zum anderen besteht die Möglichkeit, daß beim Zerfall der mit dem Herbizid behandelten Pflanzen phytotoxische Stoffe frei werden. Und schließlich könnte das Herbizid direkt diese Schäden verursachen, wenn es relativ kompakt an der Bodenoberfläche oder auf den Resten der alten Grünlandnarbe erhalten bleibt, so daß die chemischen Abbaureaktionen zwischen dem Wirkstoff und den Bodenteilchen verlangsamt werden. In einem Modellversuch unter Glashausbedingungen wurde der Frage nach einer eventuell, unter bestimmten Bedingungen doch vorhandenen Bodenaktivität nachgegangen.

1. Anlage und Durchführung der Versuche

Vier Bodenarten — Moor, Anmoor, Sand und Lehm — wurden in Plastetöpfe von 10 cm Durchmesser gegeben und mit 5, 10 und 15 l/ha Gramoxone behandelt. Jede Bodenart blieb einmal unbehandelt.

Sofort nach der Behandlung bzw. fünf Tage danach erfolgte die Aussaat der Testpflanze *Lolium perenne* entweder auf die behandelte Bodenoberfläche (A u. B) oder nach dem Einarbeiten des Mittels in den Boden (C u. D).
Der Versuch wurde in den Wintermonaten November bis Januar durchgeführt. Bei täglich sechszehnstündiger Zusatzbeleuchtung (320 Watt/m^2 bei 15 cm Abstand) und einer Glashausinnentemperatur von etwa 16 °C wurden die Graspflanzen bis zum Vier-Blatt-Stadium in der unbehandelten Variante angezogen. Diese kurze Versuchsdauer wurde gewählt, um zu verhindern, daß bei längerer Wachstumsdauer eine geringere Pflanzenzahl die Schadstärke durch intensiveres Wachstum verwischt.
Da es unter den Versuchsbedingungen nicht möglich war, die Temperatur auf einer größeren Fläche konstant zu halten, war es erforderlich, jede Behandlungsvariante (unbehandelt 5, 10 und 15 l/ha Gramoxone) in sich geschlossen aufzustellen.
Anhand der Trockenmasseerträge wurde die phytotoxische Wirkung des Präparates auf die Testpflanze ermittelt und als Maß für die Bodenwirksamkeit des Mittels verwendet.

2. Versuchsergebnisse

Die Ergebnisse sind in den Abbildungen 1—4 dargestellt. Eine klare Verminderung der Trockenmasseerträge je Gefäß ist in den Fällen A, B und C bei allen Bodenarten vorhanden, im Fall D nur bei der Bodenart Sand. Die Ertragsdepressionen verstärken sich mit der Erhöhung der Herbizidaufwandmengen Einheitlich stark ist der phytotoxische Einfluß bei Ansaaten unmittelbar nach. den Behandlungen, am stärksten in den Fällen A und C. Er vermindert sich, sobald der Ansaattermin später gewählt wird (Fall B). Wird nach einer zeitlich verzögerten Aussaat der Boden vor dem Einbringen der Samen gelockert und mit dem Herbizid vermischt, so werden die Trockenmasseerträge nur beim Sandboden klar negativ beeinflußt (Fall D).
Diese im Modellversuch eindeutig vorhandene Bodenaktivität von Gramoxone (Paraquat) wird durch die unterschiedliche Austauschkapazität der Bodenarten, der Berührungsintensität mit dem Boden (Austauschsystemen) und mit der Einwirkdauer dieser Austauschsysteme auf das Herbizid erklärt.
Die Abbildungen 5—8 veranschaulichen schematisch das Einwirken der Austauschsysteme auf das Herbizid.
Die Abbildung 5 stellt die Verhältnisse im Fall A dar. Die Ansaat erfolgt unmittelbar nach dem Ausbringen der Herbizides auf die nicht weiter bearbeitete Bodenoberfläche. Die Samen kommen sehr intensiv mit dem Herbizid in Berührung, so daß bereits aus dieser Sicht eine stärkere Schädigung der Nutzpflanzen eintreten kann. Außerdem können die Austauschsysteme des Bodens nur in einer Richtung und nur kurzzeitig vor der Aussaat auf das Herbizid einwirken. Die Inaktivierung ist unter diesen Bedingungen am geringsten.
Abbildung 6 entspricht den Bedingungen des Falles B.

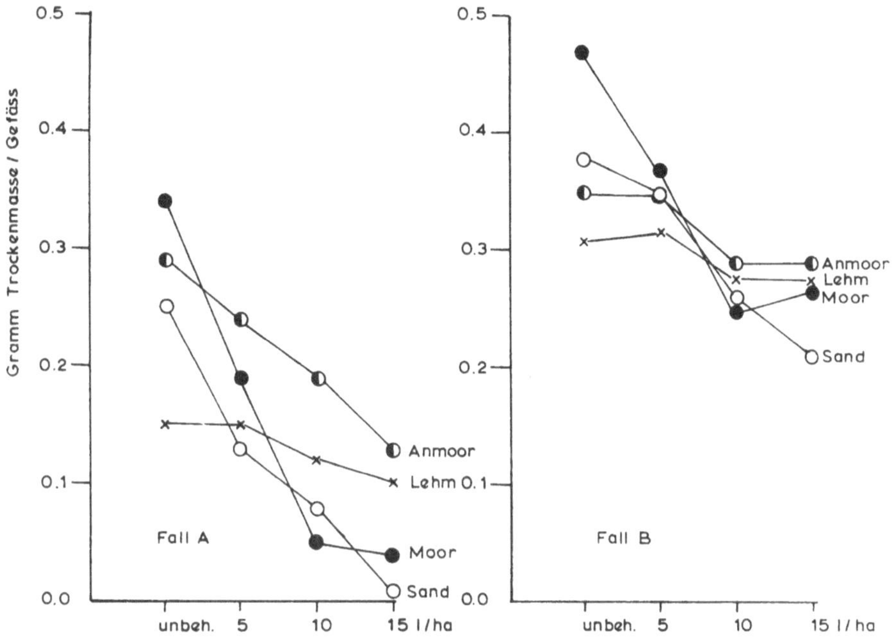

Abb. 1 und 2: Ansaat ohne Durchmischen des Bodens nach der Herbizidaufwendung

Abb. 1: Ansaat am Tage der Herbizidanwendung

Abb. 2: Ansaat 5 Tage nach der Herbizidanwendung

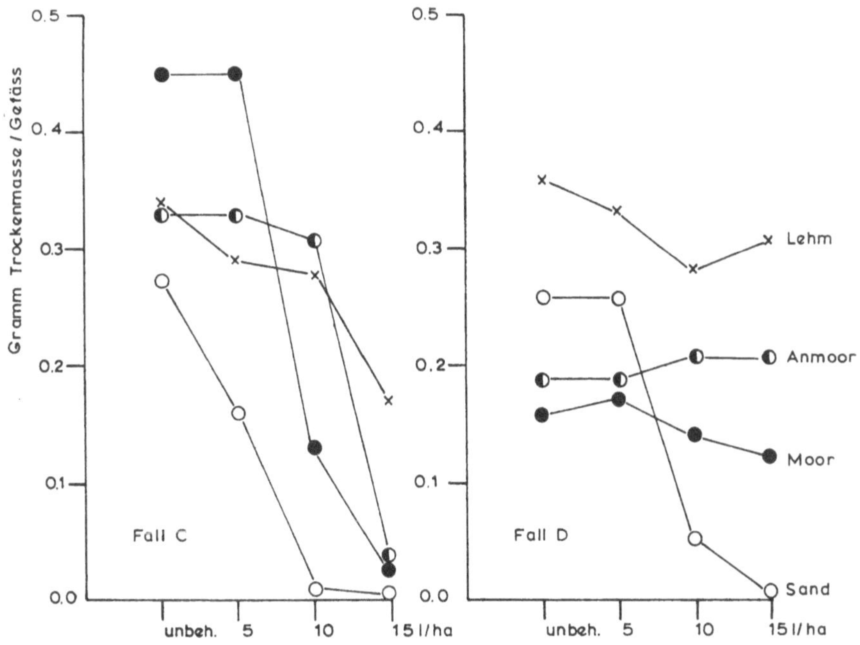

Abb. 3 und 4: Ansaat nach Durchmischung des Bodens mit dem Herbizid

Abb. 3: Ansaat am Tage der Herbizidanwendung

Abb. 4: Ansaat 5 Tage nach der Herbizidanwendung

Die Austauschsysteme können ebenfalls wie im Fall A nur von einer Seite auf das Herbizid einwirken. Die Einwirkungsdauer der Austauschsysteme ist jedoch länger. Die unmittelbar mit den Austauschsystemen in Berührung kommenden herbiziden Substanzen werden inaktiviert. Ein weiteres Einwirken der Austauscher wird durch die inaktivierten Substanzen behindert.

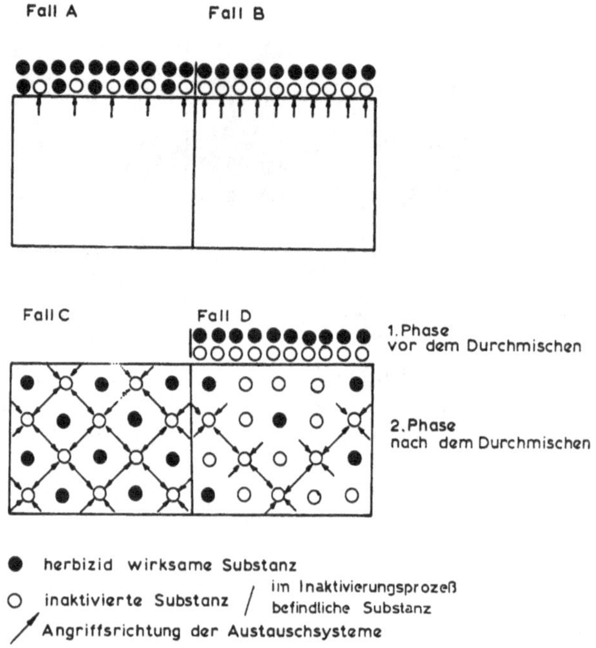

Abb. 5 bis 8: Darstellung der Inaktivierungsprozesse zu den Fällen A, B, C, D

Abbildung 7: Im Fall C erfolgte die Ansaat wie bei A unmittelbar nach der Herbizidanwendung. Der Boden wurde aber vor der Aussaat zusätzlich gelockert, wodurch eine intensive Vermischung der phytotoxischen Substanzen mit den Bodenteilchen erfolgte. Durch die hohe Berührungsintensität der Austauschsysteme mit dem Mittel wird dieses schnell inaktiviert. Die Einwirkdauer reicht jedoch nicht aus, um das Herbizid phytotoxisch unwirksam zu machen.

Abbildung 8: Hier treffen die Verhältnisse der Fälle B und C zusammen. Das bereits teilweise inaktivierte Herbizid wird durch die Vermischung mit dem Boden weiteren Austauschsystemen zugeführt und abgebaut. Klare phytotoxische Schäden treten nur noch bei dem sorptionsschwachen Sandboden auf. Der Abbau (Inaktivierung) von Gramoxone erscheint somit als eine Funktion der Sorptionskraft der Böden, der Berührungsintensität des Mittels mit dem Boden, der Einwirkdauer der Austauschsysteme auf das Herbizid und der Aufwandmenge.

Zusammenfassung

Die Ergebnisse der Versuche erlauben eine Erklärung für das schlechte Gelingen von Neuansaaten beim direkten Eindrillen des Saatgutes in mit Gramoxone vernichtete Grünlandnarben. Sie bestätigen, daß bei Wartezeiten von etwa 1 Woche nach dem Spritzen, Bodenlockerung und Einarbeiten des Herbizides allenfalls nur noch auf den sorptionsschwachen Sandböden Schadwirkungen an Jungpflanzen auftreten können.

Резюме

Название работы: „Исследование влияния *Gramoxone* (паракват) в почве на посевы *Lolium perenne L.*“

Результаты опытов объясняют неудовлетворительную эффективность травосеяния при высеве семян непосредственно после уничтожения луговой дернины *Gramoxone*. Они подтверждают, что при примерно однонедельном сроке ожидания после опрыскивания, рыхления почвы и заделки гербицида молодые растения повреждаются лишь на слабо сорбирующих песчаных почвах.

Summary

Title of the paper: Studies on the soil-effective influence of Gramoxone (Paraquat) on the establishment of *Lolium perenne* L.

The experimental results allow to give an explanation of the poor success achieved in grassland renovation by direct drilling of the grass seed into the old sod killed with Gramoxone. They confirm that, with a waiting-period of approx. 1 week after spraying, soil loosening, and incorporation of the herbicide into the soil, damages to the plantlets are likely to occur only on sandy soils of low sorptive capacity.

Literatur

Boon, W. R.: Chemie und Wirkungsweise der Bipyridilium-Herbizide Diquat und Paraquat. Focus Plant Protection Informationsdienst

Anschrift des Verfassers:

Dr. H. Walkowiak,
Institut für Grünland- und Moorforschung Paulinenaue
1551 Paulinenaue

Richtlinien für das Abfassen der Beiträge in der „Zeitschrift für Landeskultur“

In der „Zeitschrift für Landeskultur“ werden neben den in Archiven und wissenschaftlichen Zeitschriften der DAL herkömmlichen Arbeiten erstmalig auch kurze Informationsartikel erscheinen. Ihnen liegen ausführliche Beiträge zugrunde, die als Manuskripte in einem Fachdepot gespeichert werden und von denen auf Wunsch Kopien oder Mikrofilme zur Verfügung gestellt werden können. Die Entscheidung darüber, in welcher Form ein Beitrag veröffentlicht wird, obliegt dem Redaktionskollegium. Diese neue Form der Veröffentlichung ist dazu angetan, den Informationsgehalt und damit die Aktualität der Zeitschrift wesentlich zu erhöhen. Richtlinien zur Anwendung des Depot-Systems und zur Anfertigung von Informationsartikeln sind auf der 4. Umschlagseite jedes Heftes dieser Zeitschrift abgedruckt und können darüber hinaus bei der Redaktion angefordert werden. Für die ausführlichen Beiträge gelten nachfolgende, für alle Archive und wissenschaftlichen Zeitschriften der DAL verbindliche Regeln:

1. Allgemeines

Der Umfang eines Beitrages soll 20 Schreibmaschinenseiten (zweizeilig) einschl. Abbildungen, Tabellen und Literaturverzeichnis nicht überschreiten. Dabei ist auf gedrängte Darstellungsform Wert zu legen, ohne daß sie an Deutlichkeit einbüßt. Klarheit, Kürze und Genauigkeit müssen bei allen Angaben höchstes Prinzip sein. Insbesondere ist auf eine strengere Auswahl der zu veröffentlichenden Ergebnisse im Hinblick auf ihren Informationswert zu achten. Eine Darstellung der Ergebnisse in mehreren Mitteilungen läßt sich nur bei ungewöhnlich umfangreichen Forschungskomplexen und solchen, deren Bearbeitung sich über längere Zeit erstreckt, befürworten. In der Regel werden nur abgeschlossene Untersuchungen veröffentlicht. Dies schließt jedoch nicht aus, daß bedeutungsvolle und besonders aktuelle Teilergebnisse als kurze vorläufige Mitteilung (2 – 3 Schreibmaschinenseiten) erscheinen. Reine Literaturzusammenstellungen können zugunsten der Vielzahl experimenteller Arbeiten nur ausnahmsweise und auch nur dann gedruckt werden, wenn sie eine straffe, theoretische Verarbeitung des Stoffes erkennen lassen.

2. Gliederung der Beiträge

Zur besseren Übersichtlichkeit der Beiträge wird folgender Aufbau empfohlen:
Die Einleitung ist so kurz wie möglich zu halten und hat sich nur auf die Problematik der Arbeit zu beschränken. Umfangreiche Literaturbesprechungen sind zu vermeiden. Nur die neueste und wichtigste Literatur ist heranzuziehen, insbesondere wenn sie zur Begründung der Fragestellung dient.

Über Material und Methoden ist eine kurze Übersicht, evtl. in Tabellenform, angebracht, sofern es sich nicht um neu entwickelte Methoden handelt. Von einer Beschreibung bereits bekannter Verfahren ist unbedingt abzusehen. Die Darstellung dieses Abschnittes muß trotz aller Kürze dem Leser die genaue Beurteilung der Ergebnisse ermöglichen.

Die wichtigsten Ergebnisse sind in Form von übersichtlichen Tabellen oder graphischen Darstellungen mitzuteilen. Eine doppelte Darstellung als Tabelle und zugleich Abbildung ist unzulässig. Es ist unbedingt zu vermeiden, die Zahlenwerte der Tabellen und Darstellungen in Worten zu wiederholen sowie Tabellenüberschriften und Abbildungsunterschriften nochmals in den Text einzubeziehen. Der Text in diesem Abschnitt hat sich nur auf das zum Verständnis der angeführten Ergebnisse sowie der daraus herzuleitenden Zusammenhänge Notwendige zu beziehen.

Die Interpretation der Ergebnisse soll so erfolgen, daß ihr Aussagewert dem Leser ohne weiteres klar wird. Insbesondere ist auf die oft zu vermissenden klaren Schlußfolgerungen in diesem Abschnitt hinzuweisen. Ohne eine Deutung der Ergebnisse verliert jede wissenschaftliche Arbeit an Wert. Hinweise auf die weitere Entwicklung der Arbeit und Schlußfolgerungen für Forschung und Praxis erhöhen den Informationswert des Beitrages.

Der Höchstumfang der Zusammenfassungen ist auf 20 Schreibmaschinenzeilen zu begrenzen. Dem kommt auch insofern Bedeutung zu, als alle Autorenzusammenfassungen sämtlicher in den Archiven erscheinenden Beiträge als Referate in das LZ übernommen werden. Jede Zusammenfassung hat sich auf die Wiedergabe der wichtigsten Ergebnisse mit den daraus gezogenen Schlußfolgerungen zu beschränken; eine reine Inhaltsbeschreibung ist zu vermeiden (siehe „Merkblatt über die Anfertigung von Zusammenfassungen“).

Im Literaturverzeichnis sind nur die tatsächlich in die Arbeit einbezogenen Literaturstellen anzuführen.

Kommission für Veröffentlichungen der DAL

34122

Richtlinien zur Anwendung des Depot-Systems in Archiven und wissenschaftlichen Zeitschriften der DAL

1. Anfertigung von Informationsartikeln

Der Informationsartikel gilt als Originalbeitrag. Er ist ein in sich abgeschlossener Fachartikel, der die wichtigsten Informationen einer ausführlichen wissenschaftlichen Arbeit in ihrem logischen Zusammenhang enthält. Der Informationsartikel ist vom Autor selbst zu erarbeiten und darf je nach Länge des ausführlichen Beitrages 6 – 8 Schreibmaschinenseiten (zweizeilig, einschl. Abb. und Tab.) nicht überschreiten.

Der Informationsartikel muß konkrete Aussagen enthalten und sollte nur in dem als Fußnote angegebenen Bezugshinweis auf den ausführlichen Beitrag verweisen. Den nicht direkt mit dem Thema vertrauten Leser muß der Informationsartikel so ausreichend informieren, daß sich die Ergebnisse verwerten lassen, ohne die ausführliche Fassung zu lesen. Dem Spezialisten muß er die Entscheidung ermöglichen, ob der ausführliche Beitrag angefordert werden muß oder nicht.

Die für Zeitschriftenbeiträge übliche Gliederung sollte im Prinzip auch für Informationsartikel beibehalten werden, wobei jedoch nähere Angaben zur Methode sowie ausführliche Erklärungen der Ergebnisse entfallen. Kurze Schlußfolgerungen und eine Zusammenfassung von höchstens 20 Zeilen Umfang bilden den Abschluß. Der Teil „Ergebnisse" kann durch ein Minimum an Abbildungen und Tabellen mit den wichtigsten Daten ergänzt werden. Ein Literaturverzeichnis entfällt.

Die Gestaltung des „Manuskriptkopfes" bei Informationsartikeln entspricht der von ausführlichen Beiträgen. Die Titel beider Manuskripte müssen übereinstimmen.

2. Verfahrensfragen

Die Autoren sind künftig verpflichtet, den Redaktionen zusammen mit jedem Manuskript einen entsprechenden Informationsartikel zur Verfügung zu stellen (beide Manuskripte zweifach). Der Autor überträgt damit dem Herausgeber der Zeitschrift das Verlagsrecht sowohl an dem ausführlichen Beitrag als auch an dem Informationsartikel. Er darf also beide nicht ohne Genehmigung des Herausgebers an anderer Stelle veröffentlichen.

Die Redaktionskollegien der Zeitschriften entscheiden, ob ein Beitrag als Informationsartikel oder in ausführlicher Form veröffentlicht wird. Ausschlaggebend für die Auswahl müssen Aktualität und Informationswert der Beiträge sein.

Für alle Beiträge wird ein Honorar von 50,– M gezahlt, unabhängig davon, ob die ausführliche oder die kurze Fassung erscheint.

Das Fachdepot verwaltet die Landwirtschaftliche Zentralbibliothek im Institut für Landwirtschaftliche Information und Dokumentation Berlin der DAL. Sie stellt die angeforderten Kopien in kürzester Frist zur Verfügung. Als Gebühr für den Bezug von Kopien werden 0,80 M, von Mikrofilmen 0,20 M je Manuskriptseite erhoben. In der Zentralbibliothek selbst können die ausführlichen Beiträge eingesehen werden.

Jeder Informationsartikel erhält eine Fußnote (Bezugshinweis), aus der hervorgeht, von wo Kopien bzw. Mikrofilme des ausführlichen Beitrages zu beziehen sind.

Im Inhaltsverzeichnis der Zeitschriften werden die Informationsartikel wie die ausführlichen Beiträge behandelt.

Die zur Speicherung vorgesehenen Beiträge müssen sauber maschinenschriftlich im Format A 4 – fortlaufen numeriert – vorliegen, so daß sich einwandfreie Kopien herstellen lassen. Handschriftliche Ergänzungen, die auf ein Minimum zu beschränken sind, müssen mit schwarzer Tinte eingetragen sein. Abbildungen und Tabellen sind ebenfalls auf Format A 4 zu schreiben, zu zeichnen oder zu montieren.

Die vom Depot zur Verfügung gestellten Kopien der ausführlichen Beiträge sind durch ein entsprechend formuliertes Titelblatt urheberrechtlich geschützt.

Diplomarbeiten, Dissertationen und Habilitationsschriften können künftig in den Archiven und wissenschaftlichen Zeitschriften der DAL in erster Linie nur noch als Informationsartikel erscheinen. Die ausführliche Fassung fließt jedoch nicht in das Depot ein, sondern ist auf dem üblichen Wege in Bibliotheken auszuleihen. Der Bezugshinweis wird in diesen Fällen entsprechend geändert.

Kommission für Veröffentlichungen der DAL

Kolibri 360 GmbH
Ferdinand-Jühlke-Straße 7
99095 Erfurt, Deutschland
produktsicherheit@kolibri360.de